JN306515

健

世界で勝負する仕事術

最先端ITに挑むエンジニアの激走記

GS

幻冬舎新書

246

世界で勝負する仕事術／目次

第1章 配属先はお荷物部門 13

第2章　エンジニアがなぜMBA？ 35

第3章 半導体ビジネスの最前線で 63

第4章　ふたたびゼロからの出発　105

第5章 なぜ世界一でなくてはダメなのか 145

編集協力　小沼朝生
図版作成　小林麻実（TYPE FACE）

第1章

配属先はお荷物部門

誰もやっていないことをやりたい

誰もやっていないことをやりたい。中学校時代からそんな思いを強くし、私は東京大学理科I類に入学しました。

将来はノーベル賞をとれるような独創的な研究をしたいと思っていました。謎とされている現象の原理を探り当てる、新しい物質を発見するなど、ノーベル賞は基礎研究と言われる分野で功績を上げた人物に贈られる賞です。

1年半の教養課程を終えたあとは、工学部物理工学科に進学しました。そこにはノーベル賞候補の先生がいましたし、私もそういう先生のようになりたいと憧れていました。

しかし、本来、工学の役割は、電気、通信、機械、土木など、あらゆる分野の工業技術・製品を新たに生み出し、より高いレベルに引き上げていくことにあります。「基礎研究」というよりは「開発」に近い学問と言えるでしょう。

そんな工学部に進みながら、学生時代の私は、技術開発や製品開発はどこか俗っぽいと思っていました。すぐにお金にはつながらなくても、自然界の根本原則のようなものを見つけるのが本当の研究だと考えていたのです。

専門は量子光学という分野で、絶対零度（マイナス273・15度）近くの低い温度ではどのような物理現象が起きるかといった研究をしていました。まさしく基礎中の基礎研究です。一般の方には何の役に立つか分からない分野ですが、ある意味、その分からなさにロマンを感じていたのです。

企業への就職など考えてもいなかった

ところが、大学院生のとき先輩から「就職活動で東芝を訪ねるから、一緒に行ってみないか」という誘いを受けました。私は将来的にも大学に残り、物理学を究めるんだと考えていましたので、就職などまったく念頭にありませんでした。

しかし、「食事をごちそうしてもらえる」と言われて、あっさりその誘いに乗ってしまいました。ときは1992年。経済バブルはすでにはじけていましたが、まだその名残があり、各企業は食事やら旅行やら、学生をあの手この手で引っ張ろうとしていた時代だったのです。いまからは考えられませんね。

そんな不純な動機で東芝を訪ねたところ、見学者という扱いで会社のいろいろな部署を見せてもらい、それぞれの部長さんから詳しいお話を聞きました。

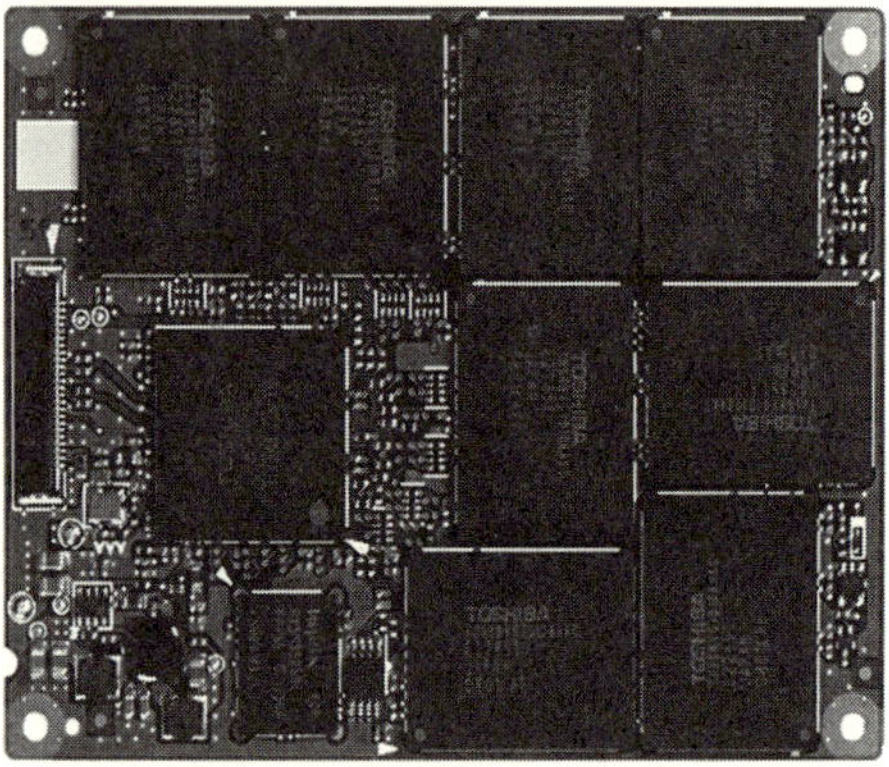

SSD(p173参照)の内部。8個ある長方形のチップがフラッシュメモリ。正方形のチップは、著者が現在研究中であるフラッシュメモリのコントローラー。小さいチップがDRAM。

東芝の新卒採用には、会社による一括採用と、各部署の部長がリクルーティングしてその部署に必要な人材を個別採用するという、二つのルートがありました。

ですから、戦力になりそうな人材を探そうと、どの部長さんもかなり熱を入れて採用活動に取り組んでおり、自分の部署の魅力を真剣に話してくれるのです。

そのなかの一人が、舛岡富士雄さんという人物でした。

舛岡さんは、1980年代にNOR型、NAND型というフラッシュメモリを発明された方です。フラッシュメモリとは、デジタルカメラや携帯電話のメモリーカード、iPodのような音楽プレーヤー、USBメモリな

舛岡富士雄さんが描いてくれた図

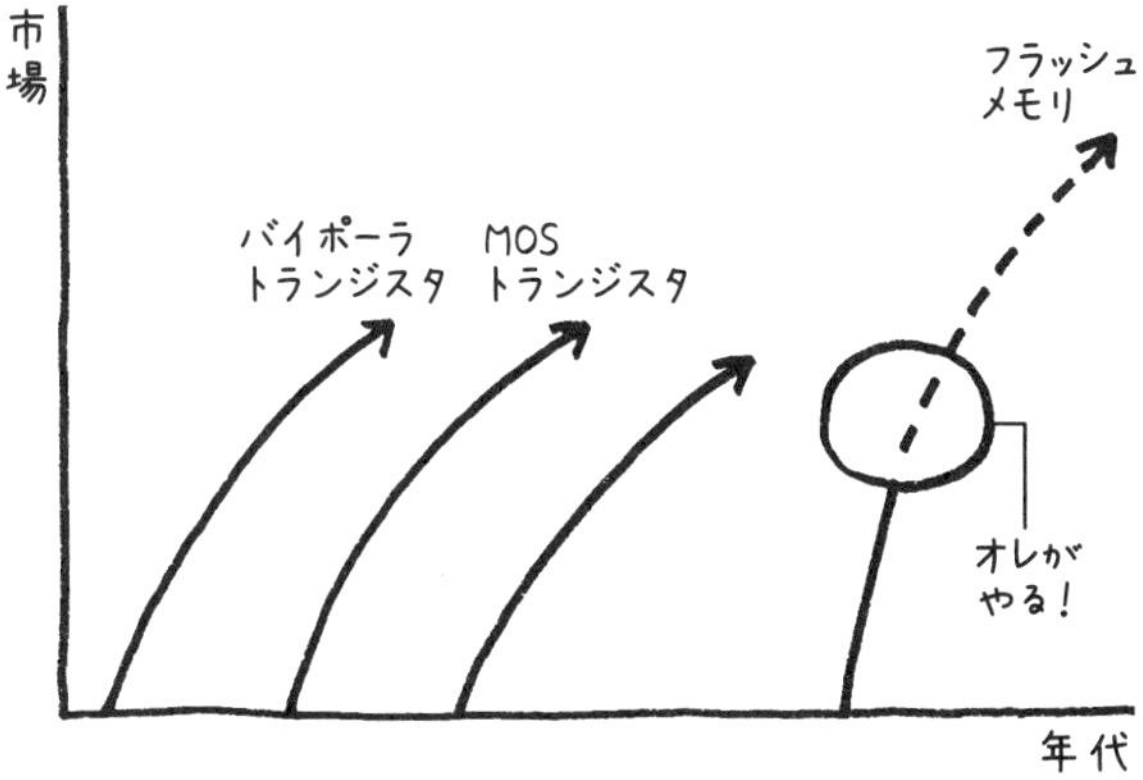

どに使われている記憶媒体です。電源を切ってもデータが残り、繰り返し書き込みや消去ができるのが特長で、いまや私たちの生活に欠かせない存在です。

舛岡さんは当時は研究所の所長というポジションで新たな半導体開発に取り組んでいました。業界のカリスマ的な技術者でしたが、大学での研究分野が違い、「技術や開発は俗っぽい」と思っていた私は、名前すら知りませんでした。

舛岡富士雄さんとの衝撃的な出会い

舛岡さんは最初にこんな絵を描いたと思います。縦軸に市場、横軸に年代があって、「半導体の基本的な素子は、初期段階でバイポーラトランジスタ、次にMOSトランジスタになった云々」といったお話でした。

専門外の私には話がさっぱり分からず、「MOSってモスバーガーですか？」などとくだらないしゃれで応じてしまいました。一般の方がよく分からないのと、まったく同じレベルです。

そんな私を前に、「その後、DRAM、CPUが開発され、次がいよいよフラッシュメモリなんだ」と、舛岡さんの話は止まりません。そして「それをやれるのは自分以外にいない、オレがそれをやる」と、すごい迫力で言い切るのです。世界はオレについてこいと言わんばかりでした。

私はその勢いに圧倒され、完全に魅了されてしまいました。さっぱり分からない世界なのに、「あ、自分が行くのはこっちだ」「この人だ」と思ってしまったのです。

そう思う布石がなかったわけではありません。

当時、私は修士課程2年生でした。それくらいになると専門分野のことがある程度分かってきます。物理学に限らず、専門分野は突きつめていくとどんどん領域が狭くなり、狭い世界で画期的な成果を出すなり発見するなりしないといけません。私はそれを窮屈に感じ始め、無自覚ながら、もっと広い世界を見たいという欲求があったのだと思います。

しかも、物理の世界には頭のいい人がたくさんいます。私がいた研究室には、指導教員の先生や先輩方に、ノーベル賞級の研究者がたくさんいました。ノーベル賞をとりたいと思うのは勝手ですが、天才だらけの世界で、自分は生き残っていけないのではないかと、自信を失いつつありました。「自分は本当にこの研究を一生やっていくつもりなのか」という疑問を抱き始めた時期ではあったのです。

半導体は「産業界のコメ」

そこに現れたのが舛岡さんでした。モヤモヤしていた頭のなかの霧が、一気に晴れた気がしました。

ちょうどそのころ、半導体は「産業界のコメ」と言われていました。ＮＨＫスペシャルでは、優れたドキュメンタリーとしていまも高く評価される「電子立国　日本の自叙伝」のシリーズを放送していました。舛岡さんも「日本のためにはとにかく新しい半導体だ。その半導体は自分が作る。日本を良くするのは俺しかいない」と自信満々に語り、すさまじいオーラを放っていました。

アメリカには半導体の最前線基地であるシリコンバレーがあり、競って新たな半導体の開発に取り組んでいましたが、90年代初めの日本はすでにアメリカを凌駕していました。世界一はNEC、2位は東芝、3位は日立という勢力地図で、いまや業界の巨人となったインテルや韓国の三星電子（サムスン電子）は4位か5位くらいの時代でした。日本の勢いはすごかったのです。

ですから、舛岡さんの話を聞いたとき、「この人についていったら、世界のおもしろい分野で勝負できる」と直感的に思いました。

あとはもう弾みです。舛岡さんは熱心に誘ってくれるし、会社側も「早く意思表示しないと枠がなくなるよ」などと巧みに外堀を埋めてきます。それで、ほとんど衝動的に入社を決めてしまいました。

生きていれば何度か、人生の大転換のような出来事が起こります。私はそういうときあまり逡巡しません。東芝への入社も一晩くらいは考えましたが迷いはありませんでした。

転機は突然訪れるようですが、実は自分が引き寄せたものです。舛岡さんに出会う前に、このままでいいのだろうかと自問していたからこそ、舛岡さんと会って「この人だ！」と思ったわけです。私はこういうときの、自分の意志と直感を尊重することにしています。

入社したら話が全然違った！

1993年春に東芝入社。入社時には半導体のことを何も知りませんでしたが、何かすごいことができそうだという高揚感がありました。自分の仕事がものすごく世の中の役に立ちそうだという期待もありました。

しかし、理想と現実は大きくかけ離れていました。舛岡さんの研究所に入った当時、フラッシュメモリは実はまったくマイナーな存在だったのです。やっと最初の製品が発売された時期だったと思います。フラッシュメモリの主な用途だったデジタルカメラもプロ用の高額なモデルが発売されたばかりで、一般の人にはほとんど知られていませんでした。

フラッシュメモリのような半導体開発は莫大な費用がかかり、人件費、研究費、製造装置などをすべて含めると、新製品を作る工場を一つ建設するだけで数千億円はくだりません。ところが、製品の売上げは低空飛行、事業として成立する段階ではありませんでした。

私は入社するまでその現実を知りませんでした。舛岡さんの話を聞いて、すでに有望な市場に成長しつつあるのだろうと思っていたのですが、現実はまったく逆。どん底の世界で、まったく先が見えない状態だったのです。

電子工学科などの専攻ならば、おそらくその現状が分かっていたのでしょう。でも、物理工学を専攻していた私は完全に門外漢です。業界の状況をチェックするようなこともしていませんでした。

多くの人は、そんなどん底の分野に入っていきません。時代に必要とされているメイン分野にねらいを定めて就職します。大学の仲間から「何でそんなところに入ったんだ?」とあきれられていた意味が、入社してやっと分かりました。

就職活動をする学生はよく「朝陽を見ないで夕陽を見る」と言われます。就職活動をしているときに好調な産業は実は夕陽、その先落ちていくしかないことが多いのです。他方、これから成長していく朝陽のような産業は、まだ日の出前、真っ暗闇です。闇から昇ってこられるかどうか、その時点では分からないので、なかなか飛び込んでいけません。

私の場合は、暗闇であることすら知らず、直感で決めてしまっただけで、決して先見の明があったわけではありません。

会社のお荷物状態だったフラッシュメモリ事業

フラッシュメモリは、社内の技術者からも、将来性がない分野と見られていました。

フラッシュメモリに情報を記録するには20ボルトといった非常に高い電圧が必要です。

そのため消費電力が多く、それを減らすのは困難だと言われていました。また、高い電圧が必要なので集積化によるコストの低減もできないと見られていたのです。

そんなことも知らないまま入社した私は、理想と現実のギャップにとまどうばかりでした。しかし、それもあとの祭りです。私は舛岡さんの研究所に配属され、海のものとも山のものともつかない製品開発に携わることになりました。

当時の東芝の主力製品であるＤＲＡＭの技術者からは、事業に貢献せずに遊んでばかりいると思われていたのかもしれません。大きな収益を上げている部門から見たら、フラッシュメモリは開発費を使う一方ですので、うとましい存在に思われて当然です。

そもそもフラッシュメモリ事業は、私の入社前のバブルのころに、事業多角化の一環としてスタートしたものだそうです。バブルの時代は資金が潤沢なので、どの企業も目新しい技術・製品に投資する余裕があります。いろいろなチャレンジが許容される時代でした。

しかし、私が入社したのはバブルがはじけたあとだったので、そんな余裕は皆無です。事業の選択と集中が進み、収益の上がらない部門は縮小か閉鎖。フラッシュメモリも、その崖っ縁に立たされていた事業の一つでした。

ボタン押しだけで過ぎた最初の半年

私は入社後、新しいフラッシュメモリを設計するセクションに配属されました。

現在ならば、どのメーカーもおそらく200人くらいは技術者を配置しているセクションですが、当時は5、6人だったと思います。フラッシュメモリ事業が芳しくないため、ほとんどの研究員は、製造中の製品の改良やいままさに売りだそうとしている製品の立ち上げにかかりだされていました。悠長に製品開発などやっている場合ではなかったのです。

配属はされたものの、半導体について何も知らない、いっさい教育を受けていない私が、新しいフラッシュメモリの設計をと言われても、何もできるはずがありません。そこで所属は研究所のまま、事業部に派遣されることになりました。派遣先での仕事は、市場不良を起こした製品の不良解析です。と言っても、回路の不具合を探し当てるには専門知識が必要です。私が担当させられたのは、もっぱら単純なボタン押しでした。

フラッシュメモリには電子回路が複雑な配線で組み込まれています。回路にショートや断線等の不具合があると、不良箇所が光を放ちます。それを見つけるため、専門の装置で光った部分を写真撮影し、不良箇所を突き止めていきます。私はそのシャッターを切っていたのです。本当にシャッターボタンを押すだけなので、誰にでもできる仕事です。

みんな忙しかったので、何の写真を撮っているのかの説明もなく、「お前、これの写真を撮れ」と命じられるだけでした。撮影後に、「君が撮った写真は実はこういう事情で、この部分が悪かったんだよ」などと、説明してくれる人もいませんでした。

次に担当したのは、ライバル企業である韓国・三星電子のフラッシュメモリ製品の分解調査でした。東芝は開発したフラッシュメモリ技術を三星電子にライセンス供与していましたが、回路分野では三星の方が進んだ部分が出てきていたのです。分解調査と言っても、私が担当したのは、また写真撮影です。顕微鏡で三星のチップを拡大して撮影し、膨大な数の写真をつなぎ合わせて、三星の製品の拡大写真を作り上げるのです。私はひたすら撮影してはつなぎ合わせ、先輩がそこから回路を解読していきました。

ここでも必要なのは気合と根性だけ。結局、半年間ほどはボタン押しの毎日でした。話が全然違うじゃないかと思いましたが、舛岡さんはただ「がんばれ」と言うだけです。がんばれと言われても何も分からないので、ボタン押しをするしかありませんでした。

次の仕事もちょっと高級になっただけのボタン押し

しかし、いつまでも無知なままではいられません。先輩たちの作業を観察して、少しずつ独学で半導体について勉強していきました。

その後、ようやく完成品の改良と事業化にめどがつき、私も研究所に戻って半導体設計に関わる仕事をやらせてもらえるようになりました。と言っても、今度のセクションにも、先輩が二人いるだけです。

半導体の設計と言っても仕事の内容をイメージしにくいでしょう。半導体はトランジスタをつないで作ります。回路を構成するトランジスタのつなぎ方や回路の配置を考えるのが設計です。トランジスタのつなぎ方一つで消費電力量や性能が1桁変わってきます。そのため、アイディアしだいで省電力化が図れますし、回路の配置を工夫すれば小型化や高性能化・大容量化も可能になります。

先輩二人は天才的に優秀で、ずば抜けたアイディアをどんどん思いつく人たちでした。一方、私はまだ素人に毛が生えた程度です。後輩を温かく育てるなどという環境にはほど遠く、私には面倒くさい雑用的な仕事が回ってきました。

私がまかされたのは中心的な回路を補助するための回路作りです。誰がやっても同じなので、現在ではほとんど外注に出しているような仕事です。ボタン押しがちょっと高級になった程度です。

当時の私はそれがよく分かっていなかったので、「これはまかせた」などと言われると、「じゃあがんばります」と意気込んでやっていました。

執念で雑用からはい上がる

しばらくしてやっと、先輩二人がやっているのは創造的な仕事、自分はそれを補助する雑用というポジションを理解しました。

雑用からはい上がるには、有効なアイディアを提案する以外にありません。とにかく必死で考え、「これで1回やらせてください」と提案し続けました。

知識・経験の大きな差を超えて新たな提案をするのは、頭脳的にも精神的にも厳しいことでした。意地と執念でがんばりました。

いまになってみれば、それはとてもいい修業でした。貴重な下積み時代だったと思います。どんなことでも、地道に努力する以外に成長する術はありません。自分以外に頼るものがない状況に追いつめられた方が、人間は本気になれるのだと思います。

アイディアの出し方も、論文の書き方も教えてもらえませんでしたが、実は先輩二人も独学で勉強したのだそうです。エリートタイプではなく、叩かれても叩かれてもはい上がる雑草のような強さを秘めた人たちでした。

そんな環境で、私もしだいに半導体設計が分かり始め、3人で競ってアイディアを出すようになりました。現在、東芝の主力事業であるフラッシュメモリの基礎となった技術には、当時の私たち3人のアイディアがかなり含まれています。

「言われてみれば確かに」をいかに早く思いつくか

半導体の設計というと、コンピュータを使ってデジタルで自動的に行うのだろうと思う人が多いのですが、実態はまったく逆です。

お話ししたとおり、半導体は回路の組み合わせ方が非常に重要です。でも、数百個から数千個のスイッチで構成される回路のうち、鍵になるのはほんの数個です。そのつなぎ方を変えては、「こう電圧をかけるとこれくらい電力が上がった、下がった」といったことを年中やっているわけです。

「もっとこう動いてほしい」「ここを解決すればもっと良くなるはずだ」といった課題は次から次へと出てきます。世界中の技術者は、その解決に知恵をしぼっているわけです。

新しいアイディアとして実用化される回路のなかには、画期的なものもありますが、

「言われてみれば確かに」といった内容も少なくありません。それを人よりも早く思いつくか否かが勝負となるわけです。

私の場合、研究の最初の段階は頭のなかで回路をイメージし、ボーッと考えることから始めます。何かアイディアが浮かんだら、それを鉛筆で紙に描いてみます。実にアナログな作業です。コアになる部分は紙に描けるくらいシンプルでないと、役に立つ技術になりません。

もしその常識が嘘だったら何が起こるか

シンプルで実用化につながるアイディアは、そう簡単には出てきません。ですから、お風呂に入っているときも、電車に乗っているときも、とにかく根気よくボーッと考えます。そして「いま自分が取り組んでいる分野の常識は、違う分野から見ると常識ではないのではないか」と、あえて疑ってみます。

たとえば、回路には電圧に応じたいくつかのパターンがあります。多くの人は「20ボルトの回路と言えばAかBだな」というところから考えます。そこで私は「フラッシュメモリの環境なら、AかBだけでなく、CやDでもいいのではないか」と疑ってみるのです。

その気になれば、常識を突破するポイントは意外に多く見つかります。でも、既存のやり方を当然のように受け入れていると、そこに気づきません。だからあえて「もしその常識が嘘だったら何が起こるか」と考えてみるのです。

もちろん、大半の常識は真実ですのでそう簡単にはうまくいきませんが、疑うことに勝機があるのもまた真実です。

常識を疑うことから始めると、ビギナーズラックもよくあります。大学で、私が気づいていなかった現象を研究室の学生が見つける例は少なくありません。学生は常識的な知識がまだ少ないため、プロならば絶対にやらない組み合わせを試してみたりするからです。学生のフレッシュなアイディアに学ぶことはたくさんあります。

原則となる理論を理解すればするほど、頭は常識で塗り固められ、飛躍した発想が生まれにくくなります。原則を理解しながらも、常にそれを疑う習慣を持つ。そんな姿勢が、どんな仕事でもとても大切だと思います。

アマチュア集団だからこそできることがある

技術者のなかには、子ども時代からラジオ作りなどが好きで、そのままそれを仕事にした電子回路のプロのような人がいます。そういう人はとにかく理論をよく理解しており、どんな複雑な回路でも、あっという間に完成させます。

ところが、「こういうことができる回路を作ってほしい」と、テーマから入って提案すると、「それは無理だよ」と却下されてしまいます。「常識で考える」ことから逃れられないからです。

東芝で、私の周りにいた技術者は、ほとんどが入社後に独学で電子回路を学んだ人たちでした。そういうアマチュア集団だからこそ、フラッシュメモリは実用化できたのかもしれません。

2008年にオワンクラゲの研究でノーベル化学賞を受賞した下村脩さんも、自分のことをアマチュアと言っています。本当は船の設計をしたかったのだけれど、終戦直後で選択肢がなく、大学の学部は薬学部でした。有機化学の研究を始めたのは、大学院に入ってからです。受賞について、型にはまった教育を受けておらず、何の先入観も持たずにオワンクラゲの研究に取り組めたことがよかったと述べていました。

突然の研究所閉鎖、そして冷遇

半導体設計に取り組む毎日を送っていた入社3年目、バブル崩壊の影響がついに東芝にも及びました。会社が研究所の閉鎖を決定したのです。

当時、私たちは、一つのメモリにアナログ的に多くの情報を記憶させることで容量を2倍にできる、「多値フラッシュメモリ」という技術の開発を進めていました。自分でも「これはいける」という手応えがあったのですが、会社ではまったく認めてもらえず、開発は打ち切られました。より単純なフラッシュメモリでさえも事業化に手間取っているのに、技術的に難度が高い多値フラッシュメモリなんてできるわけがない、というのが当時の上司の判断でした。

しかも、それと前後して舛岡さんが東芝を辞め、東北大学の教授に転身しました。舛岡さんの夢に心酔して入社したのに、当の本人がいなくなってしまったのです。

研究所の閉鎖に伴い、私たち3人もバラバラの部署に異動になりました。新たな部署で私を待っていたのは、発売中の製品の不良部分を直せという命令でした。新人時代とさほど変わらない仕事に逆戻りです。

この異動は明らかな冷遇でしたが、私は仕方なくその仕事をやり続けました。不満を言ったところで、新しい部署での実績がない私の意見を聞いてもらえるはずがありません。まずは新しい部署で実績を作って、主張をするのはそのあとだと思っていました。

「会社が認めないなら、世界で認めさせてやる」

こうして新しい環境に適応しながらも、陰では、バラバラになったかつての先輩と、多値フラッシュメモリの開発を続けていました。特許の取得も進めました。

「東芝が認めないなら、世界で認めさせてやる」と、意地と執念で研究を続け、多値フラッシュメモリについての論文を、毎年国際学会で発表しました。現在はこの多値技術が主流となり、ほぼすべてのフラッシュメモリで使われています。それは上司の目を盗んで会社に内緒でコソコソ作り上げた技術だったのです。

多値フラッシュメモリの開発を打ち切る判断をしたかつての上司たちは、フラッシュメモリが成功したとき、手のひらを返し、自分こそがフラッシュメモリ開発の立役者だと言うようになりました。

フラッシュメモリが事業として成功したときには、こうした自称立役者がたくさん現れ、成功の果実を奪い合いました。私も、ドロドロした人間模様に巻き込まれることになり、それが後に東芝を去る一因となりました。日亜化学工業で青色発光ダイオードを発明された中村修二さんも、社内の人間関係の軋轢から、会社を去りました。このような開発にまつわる人間ドラマは日本の企業ではどこにでもあるのでしょうね。

当時そういう自覚はなかったのですが、フラッシュメモリが注目されていないときに、論文を書いて特許をとり、自分がオリジナルの開発者である客観的な証拠を残したことは、とても重要でした。

事業が成功し、社内で「オレが」「オレが」という人が出てくると、本当のところ誰の功績なのかが、分からなくなります。現実の社内政治では、実際に何をやったか、重要な論文や特許を書いたかよりも、声が大きい人や、立場が強い人の方が勝ってしまう。

一方、社外の人たちには社内の政治闘争は分かりません。純粋に論文や特許といった客観的な指標で評価してくれます。私が大学に移ってから様々な企業と共同研究をしたり、国家プロジェクトを受託できるようになったのは、フラッシュメモリがマイナーだった90年代に、私が学会で論文を発表したり特許を取得していたのを、東芝以外の方々が見て、評価してくださっているからです。

第2章 エンジニアがなぜMBA？

なぜよい技術を開発するだけではうまくいかないのか

その後もフラッシュメモリの開発を続け、時代は2000年代に入りました。

東芝入社7年目を迎えたとき、私は留学することを思い立ちました。技術を学ぶためではなく、MBA（Master of Business Administration　経営学修士）取得のための留学です。

MBAは企業経営の実務家を養成することを目的としています。取得後は経営の専門家として、金融やコンサルティング・ファームなどの業界に進むのが一般的です。技術者とまったく関係のない分野なのですが、私はMBA留学にこだわりました。

当時、フラッシュメモリの技術分野は自分なりにある程度究めた感があり、重要な特許も取得していました。世界トップクラスの国際的な学会でも毎年のように論文発表を行っていました。

所属部署でも、不良品の改良だけでなく、新製品の開発に最初から携わることもあったので、技術者としてやりたいことはやり尽くしたという達成感がありました。と同時に、自分の成長のスピードが鈍っているのではないか、また新しい分野にチャレンジすべきときではないか、という焦りが生まれ始めていました。

でも、技術系で留学することには抵抗がありました。よい技術を開発しても商品化できないのはなぜなのか。これは技術者なら誰もが直面する問題です。これは技術そのものではなく、マネジメントの問題ではないのか。だったらＭＢＡだ。そう考えたのです。

自分の仕事に新しい分野を積み上げたい

技術を究めたと言っても、フラッシュメモリの分野だけのこと、世界の半導体製品から見ればごく一部です。違う半導体の開発に取り組むなど、技術者として成長していくルートはまだいくらでもあります。

でも私は、技術だけの世界にいることがだんだん窮屈になっていました。自分の仕事を、もっと上に積み上げていきたいと思いました。上にと言っても、偉くなりたいとか、お金持ちになりたいというわけではありません。

次ページの図は、私が、自分がやってきた仕事について抱いているイメージです。

スタート地点は、真理を究める物理学でした。何かを「発見」する仕事です。次の段階はモノ作りでした。モノの仕組み・内容を考える設計はさらにその上の段階で、ここは何

私の仕事イメージ

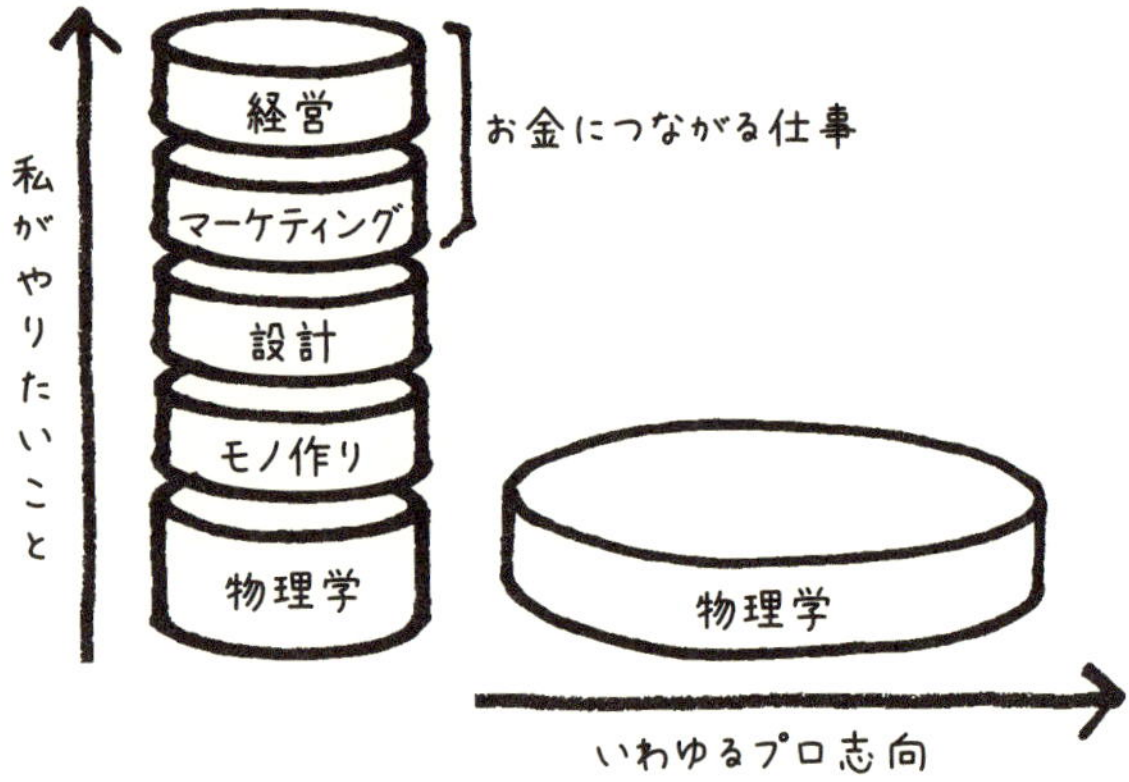

かを「発明」する仕事です。

一つの世界で、技術や経験の幅を広げていくのが、プロになるということです。技術者には、特定の分野で世界を広げていきたいというプロ志向が多いと思います。

でも私はそうではなく、上に行きたいと考えました。物理学も、モノ作りも、設計もやった自分が、新たな分野を積み上げるとしたら、あとは経営＝ビジネスです。「発見」や「発明」を世の中の役に立つ商品にする、現実的にお金につなげていく仕事です。しかもそこには会計、人事、営業など多くの要素があります。そういう未知の分野に踏み込んでみたいと思ったのです。

頭のいい人たちとは勝負したくない

私がこのような考え方になったのは、自分には抜群の頭脳がないので、正攻法でいったら負ける、本当に頭のいい人とは勝負したくない、という思いからでした。

東大卒とは言っても、開成、灘といった超一流校からストレートで入学したわけではありません。そこそこの進学校を卒業し、一浪してようやく東大に入りました。

ど真ん中に行って専門の人とやりあったら必ず負ける。万が一勝てたとしても、自分の能力ではぶっちぎりの勝利ではなく、パイの奪い合いの消耗戦になってしまう。だから、いつのころからか、純粋に一分野を究めている人とは勝負せず、ある分野とある分野の境界、隙間をねらおうと、考えるようになりました。

これには、大学時代の研究室での体験も大きく影響しています。私の指導教官は、五神真先生です。現在は量子エレクトロニクスの押しも押されもせぬ大家ですが、私がいたころの五神研究室は駆け出しの弱小研究室でした。

すでに地位が確立された大先生の研究室より、スタートしたばかりの研究室の方が、先輩が少なくて自由に好きなことができるだろうと思い、私は迷わず五神先生の弟子になりました。立ち上がったばかりの研究室は極貧の状態でした。当時在籍していた学生は数名ですが、みな、素晴らしい精鋭ばかりでした。

人数が少ないのでライバルを潰しあおうとすることもありません。研究費がない苦労も含めて、波乱万丈の貴重な体験ができました。当時の研究室のメンバーの多くが、現在は東大などで教授や准教授を務めています。

誰も注目していない分野、歴史の浅い分野をねらう

東芝に入社したときも、人気のある分野に行くと頭のいい秀才が山ほどいるので、そこで潰しあうのは嫌だと思っていました。フラッシュメモリ事業が、想像以上に冬の時代だったのは誤算でしたが、かえって自分には合っていたのだと思います。開発グループは、お金も設備もないけれど、やる気とアイディアだけはある集団でした。

設計チームは3人だけでしたが、論文や特許のレベルでは世界トップクラスの技術開発をしていました。先輩とは競いあう関係でしたが、会社で認められないフラッシュメモリの技術を世界で認めさせるんだという大きな共通目的がありましたから、足を引っ張りあっている余裕などありません。

このような経験から、できるだけ競争しなくてよい道を探す、消耗戦を避けることが、

いまでも私の基本的なスタンスです。何かを見て「すごいな」と思ったら、「じゃあやめた」と考えます。大勢が取り組んでいる領域は絶対にやらないと決めています。そして「これから伸びるかもしれないけれど、誰もやっていない分野って何だろう」といつも探しています。

特許なども、まさしくそのような考え方が大切です。先ほどもお話ししたように、斬新で画期的なことは、そう簡単にはひらめきません。言われてみれば「ああ、そうだね」ということをいかに人より早く思いつくかが勝負です。でも、大勢が参入している旬の領域には、なかなかその隙間がありません。反対に、誰も注目していない分野や、歴史の浅い分野など、隙間領域、境界領域は意外にスカスカなので、特許取得のチャンスが転がっているのです。

技術部は大賛成、人事部は大反対

留学の話に戻ります。

技術プラス経営の二刀流で行くことは、隙間ねらいの私にとっては、ある意味、必然の選択でした。それを実現するＭＢＡという道を見つけて、私はまた一晩で留学を決めました（自分一人で即断しているような顔をしていますが、実は、就職も留学も転職も、大きな決断は必ず妻に相談しています。妻から「いいんじゃない。やってしまえば」と言われるともう悩みません）。

私は何か決めると「決めた決めた」と周りの人に伝えずにいられません。新しいことに挑戦するときは、いつだって不安でいっぱいです。だから、できるだけ多くの人の知恵を借りたい。ＭＢＡ留学を決めたときも、即宣言したら、技術部の人がみんな応援してくれました。これから新事業を立ち上げ、市場を広げる必要に迫られているのに、技術者だけで固まっていて、ビジネスの進め方がよく分からない状態でいいのか。みんな、そういう危機感を抱いていたからだと思います。

しかし、人事部は大反対でした。反対される理由は自分でもよく分かっていました。留学するなら、アメリカが得意な設計技術を学んで、会社に持ち帰るのが本筋です。しかも、社内の技術系の留学試験には通っていたので、「なぜそっちじゃないんだ！」と怒られて当然です。

そもそもＭＢＡ留学を会社がサポートすべきなのかが社会問題になっていたことも、背景にありました。当時、東芝に限らず、ＭＢＡ留学後すぐに会社を辞めてしまうケースが相次いでいました。会社からすると、留学に投資しても回収できないわけですから大問題です。ＭＢＡ取得後に会社を辞めた人と企業の間で、留学費用の返還をめぐって訴訟なども起こっていました。

さらにタイミングの悪いことが重なりました。東芝の技術者で唯一、ハーバードのビジネススクールでＭＢＡを取得した人がいたのですが、私がＭＢＡを志願したまさにそのとき、彼は東芝を辞め、ビジネス誌に「日本の会社はダメだ」といった内容のことを書いてしまったのです。

「せっかくＭＢＡ留学に行かせてやったのに、恩を仇で返された」という人事部の怒りは、当然、私にもふりかかってきました。

でも私は、会社がダメだと言おうが、「とにかく行く、俺は行く」の一点張りで押し通しました。弱りかけた日本の製造業の復活のためには、技術と経営の両方の深い理解が絶対に必要だという確信がありました。たまたま、社会の制度・会社の制度とフィットしないだけだ。やろうとしていることに筋が通っていれば、いずれは道が開ける。そう思っていました。

生意気な人間にチャンスをくれる企業文化

自分の主張をまげないなどと言うと、少々かっこよすぎますね。私は単に生意気で、がまんが苦手だったのだと思います。入社して間もないころ、つまらない仕事に腹が立って「こんなことやるために東芝にきたわけじゃない！」などとキレたこともありました。そんなことが会社の上の方の耳に入って、いまだに当時の上層部の人から「お前は新人のときからそうだった」と言われます。

採用のとき、舛岡さんが私のどの部分を買ってくれたのかはよく分かりません。でも、あえて言うなら、そういう生意気なところがよかったのかもしれません。

東芝という会社には、生意気というか自己主張が強い人間にチャンスをくれるという寛容な文化があります。

一向に言うことを聞かない私に、ついに人事部は「技術者としての留学を辞退して、文系の人向けの留学制度の試験を受け直す」という案を出してくれました。

東芝には何万人もの技術者がいます。これからは経営の分かる技術者も必要だという意識が、人事部にもあったのだと思います。

もっとも、試験を受けていいと言われただけで、文系の留学試験に合格する保証はありません。さらにその先の、ＭＢＡの入学試験も難敵です。社内試験に受かってもＭＢＡの試験に落ちてしまったら意味がありませんし、その逆のケースもありえました（仮にＭＢＡ入学試験に受かって会社の留学試験に落ちたら、会社を辞めてでもＭＢＡに行こうと決めていましたが）。

片道切符の決意でスタンフォード大学へ

ＭＢＡの準備はとにかく大変でした。合否の判断は学力だけでなく、経歴、個人的資質などをもとに総合的に下されます。でもまずはペーパー試験に通らないといけません。私は仕事をしながら、専門の予備校に通って勉強しました。

ありがたかったのは、技術部の同僚が協力してくれたことです。みんな毎日死にもの狂いで製品開発をしているのに、私は定時に会社を退社して予備校に通う日もありました。自分のなかに、最終的には会社のため、仲間のためになることだという確信はありましたが、傍からは、生意気で勝手な行動だと思われても仕方なかったと思います。でも同僚たちは、そのような行動を黙認し、留学を後押ししてくれました。

そういう人たちの恩に報いるには、与えてもらったチャンスを活かしきるしかありません。チャンスをもらったら、何が何でも結果を出さないといけません。

約1年後、私は十数校の入学試験を受けて全勝しました。ペーパー試験はもちろんがんばりましたが、技術者でありながらMBAに挑むことも評価されたのだと思います。企業留学業界では、ちょっとした話題になりました。

会社の留学試験にも無事合格したので、私はかねてからの念願だったスタンフォード大学のビジネススクール（経営大学院）に行くことに決めました。

ところが、会社が認めた留学期間は1年半でした。スタンフォードでMBAの学位をとるには2年かかります。人事部は「技術者がビジネスを理解することはいい。しかし、MBAの学位はいらないだろう」と言ってきたのです。学位を取って帰国したら会社を辞めてどこに行くか分からないので、学位はダメという話です。

1年半でMBAが取れる大学もありました。しかし、せっかく留学するなら、シリコンバレーのスタンフォード以外にないと私は決めていました。スタンフォード大学のビジネススクールはハーバード大学と並んで最難関と言われます。東芝からスタンフォードに合格したのは私が最初でした。当時、日本人の受験生の倍率は100倍くらいでした。こんな宝くじに当たったようなチャンスをみすみす逃すのは、あまりにももったいない。

私は一応1年半での帰国に従いましたが、成田空港を飛び立つときの心のなかは片道切符でした。入学してしまえば、きっと会社も認めてくれるだろうと楽観的に考えているところもありました。

英語の壁に阻まれ、人生初の劣等生に

期待に胸をはずませて飛び込んだ留学生活ですが、甘い夢は一瞬だけ。授業が始まったら、まさしく地獄の日々でした。

立ちはだかったのは英語の壁です。みんなが何を言っているのかさっぱり分からず、議論に参加できません。スタンフォードの授業でサバイブできるレベルの英語力が備わっていなかったのです。当時、ＴＯＥＩＣ（国際コミュニケーション英語能力テスト）はほぼ満点だったので、何とかなるだろうと高を括っていたのですが、それはＴＯＥＩＣがその程度の試験にすぎないということでした。

同期生は約５００人です。外国人留学生の多くは英語圏での生活経験があるネイティブで、私の英語の成績は最底辺でした。実際、ＴＯＥＦＬ（米国留学のための英語学力検定テスト）の点数を見せてもらったのですが、ほとんどの人は満点なのに自分だけ点数が低

い。500人中のダントツのビリです。人生初の劣等生となった自分に愕然としました。

東芝で、アメリカのサンディスクという会社と共同開発をした経験もあったので、一般的な英語を話せなかったわけではありません。ところが、スタンフォードの学生が話す英語は質が違う。技術者とまったく異なる、難解な英語でした。

会社に「2年間を認めてください」などとお願いしていた陰で、学位は無理かもしれないと弱気になることもありました。そうは言っても、尻尾を巻いて逃げ出すわけにもいきません。とにもかくにも猛勉強です。

授業の内容そのものが分からなかったわけではありません。日本語で読めば理解できるのですが、言葉の壁が厚く、議論が始まると何を言っているのかまったく分からなくなってしまう。したがって何も意見を言えなくなってしまう。最後まで根本的な対策は見つからなかったのですが、議論が始まる前に、最初にまず手を挙げて意見を言うなど、取り残されないために必死の努力をしました。

「先生とゴルフ」のラテン系、「真面目にコツコツ」の日本人

4人の日本人の同級生とは、よく助けあいました。あのような修羅場では日本人同士の

血の結束が自然に生まれるものです。

特に私は最初の2カ月間は赤ん坊づれ、その後1年は単身赴任、最後の1年は家族全員で過ごしてアメリカで子どもが生まれるという無茶苦茶な生活だったため、同級生と家族のみなさんには大変お世話になりました。

最初は住む家が見つからず、初対面のあるご夫婦と同居させてもらいました。単身赴任のときには、同級生、しかも新婚ほやほやだったり、お子さんが生まれたばかりの家庭に入り込み、日常的に食事をごちそうになっていました。いま思えば図々しい限りですが、そのときはサバイブすることで一杯一杯でした。

家族がアメリカに来てからは、パーティーをしたり動物園に行ったりと、家族ぐるみの交流がありました。

留学生活という濃密な時間を、家族ぐるみで過ごすのはそうない経験だと思います。つらいことも多かった分、人間同士の強い絆を感じられる貴重な経験でした。私にとって同級生、特に奥様方は本当に恩人で、いまでも足を向けては寝られないほど感謝しています。

結束していたのは日本人だけでなく、同国人のネットワークはそこかしこにできていました。ラテン系の留学生などは見ていておもしろかったです。彼らは猛勉強してＭＢＡを取ろうと考えるより先に、先生とゴルフを始めます。真面目に勉強しなくても、先生と仲よくなれば何とかなるという発想なのです。

日本人にはそういう発想がないので、真面目にコツコツ勉強します。私も同級生たちと助けあいながら、必死に勉強するしかありませんでした。

なぜ経営者は分かっていながら間違った判断を下すのか

英語には苦労しましたが、勉強の中身はとてもおもしろかったです。財務や会計などは理論的な話が多く、株価とは、経常利益とは、といった決まりごとを学ぶだけなので、どの学校でもさほどの違いはありません。

スタンフォードで非常に重視されていたのは組織論です。組織の問題点を突きつめて考え、「なぜ部下は働かなくなるのだろう」「なぜ経営者は間違った判断を下すのだろう」、最終的には「人間とは何だろう」など、心理学や哲学、さらには宗教のような内容に踏み込んでいきました。

なぜそんなことを学ぶのか。たとえば企業の倒産を検証するとき、経営理論ではまず、流通（Place）、製品（Product）、価格（Price）、販売促進（Promotion）の４Ｐと言われる視点から考えます。しかし実際には多くの企業が、理論だけでは説明できない行動で倒産しています。

たとえば、過去の成功体験を変えられず、赤字のたれ流しを続けて倒産するケースがあります。スタンフォードの先輩で、産業再生機構で企業再生をされた冨山和彦さんの著書に詳しく書かれていますが、カネボウなどはその典型です。繊維産業がもう日本では立ちゆかない事業分野になったのに、主力部門だったために撤退できず、それが経営環境の悪化につながりました。

最近では日本航空（ＪＡＬ）の倒産がそうです。原因はいくつかありますが、数多く存在した労働組合を整理・統合しないといけない時期に、日本エアシステム（ＪＡＳ）を買収し、よけいに社内を混乱させました。

いずれも合理的に考え、それなりの対応をすれば、倒産は防げたかもしれません。しかし、経営陣はその決断ができなかった。それを「経営陣がバカだった」と言ってしまうのは簡単ですが、根本的な問題解決にはなりません。

なぜ経営陣は理にかなった解決策をとれなかったのか。それを突きつめていくと、経営学を超えた、哲学や心理学の世界になってしまうのです。

どの国どの時代でも人は成功体験から逃れられない

数字で表せるものの理解はとても簡単です。赤字は赤字として出てくるので、議論の余地はありません。問題の本質は「なぜ赤字の事業を切れないのか」にあります。

過去に主力だった事業部の人材をどう扱うかといった人間関係の問題、社員を解雇した場合に本人とその家族にふりかかる問題、工場を閉鎖したとき地域に起こる問題。数字で表せない問題は山ほどあります。

授業ではチャートを使って問題の本質を可視化するなど、可能な限り正しい判断に到達するための工夫はします。それでも、人間的にデリケートな問題の結論を出すことは困難です。実際、「確かにどれも難しいね」で終わってしまうことがほとんどでした。

それでも、古今東西、どの国のどの時代でも、成功体験から逃れられないという同じ間違いを犯していることを、数多くのケーススタディから学んだことは、とても役に立ちました。帰国後に東芝で経験した様々な問題もほとんど、このとき学んだことに当てはまるものでした。

金の亡者になるための授業ではない

人間はなかなか変われない。だったら変えるためにはどうしたらよいか、ということも、授業の重要なテーマでした。

たとえばマーティン・ルーサー・キングの「私には夢がある」という有名な演説を見て、プレゼンテーションの良し悪しや、何が人の心を揺さぶるのか、人は何がきっかけで変わろうと思うのか、といった議論もしました。

アドルフ・ヒトラーも、実際にやったことはとんでもないのですが、国民から熱狂的な支持を集めた人物という意味で、分析に値する素材でした。

MBAと言うと、金の亡者になるための授業をしているように誤解されるのですが、実際はその逆でした。MBAの卒業生は、将来、巨万の富と権力を手にする可能性が高い。そこで道徳的な授業も多く、権力の乱用はどうしたら抑えられるのかについてはよく議論しました。

権力の中枢にあるのは政治です。ビジネスの活動に制限を加えるのも、既存の制度を覆すのも政治です。そこで政治の仕組みも必須の知識になります。

経営者や政治家に必要なものは透徹した倫理観だということで、マザー・テレサについての授業もありました。

シリコンバレーにある大学ならではのリアルさ

経営者側の苦悩を考える授業も印象深かった授業の一つです。

学生はまず参加者全員で、ある解雇のケースについて議論します。たいていは「そういう人材はすぐに辞めさせるべきだ」といった意見になるのですが、その後なんと実際に社員を解雇した本人が登場します。

その本人に解雇した理由や心境を尋ねると、自分たちが考えていたような「解雇して当然」といった感じではなく、それなりの理由や苦悩をかかえています。

そういう話を聞くことで、理屈だけでは推し量れない考え方の発見につながります。また、ハイテク業界のベンチャー企業の現場のリアルな話が聞けたのは、シリコンバレーにある大学ならではの利点でした。

10人でも1000人でもマネジメントできるように

学んだことは企業のマネジメントだけではありません。人が集まり、組織ができれば、そこにはマネジメントの問題が発生します。病院や学校のほか、アメリカではNPOやNGOなどの非営利団体が社会的に大きな影響力を持っています。そのような非営利団体のマネジメントも、授業の重要な一分野でした。

マネジメントの手法は、営利か非営利かによって変わる以上に、組織の大きさによっても変わってきます。社員が10人、100人、1000人と増えてくるにしたがって、当然、マネジメントの仕方も変えなくてはなりません。最初から縦割りのガチガチな組織にしてはダメで、成長段階ごとにまったく違うアプローチをする必要があります。その基本的なルールを、ケースの分析から見つけ出す作業は、とても新鮮な体験でした。

世界中から集まった強烈なエリート集団

スタンフォードはハーバードと並んで、アメリカの大学のなかでダントツの難関校です。そのため、世界各国から集まる学生のエリート意識は半端ではありませんでした。

最初、私が彼らに抱いた印象は「いけ好かないやつらだな」でした。

基本的に技術者はお人好しで分かりやすい人が多く、「顔は笑ってるけど目が笑ってない」といった人はあまりいません。ところが、ビジネススクールにはそんな人も多く、強烈なカルチャーショックを受けました。

大学はシリコンバレーにあるので、周辺には半導体関連の企業が軒を連ねています。サンディスク、インテルなどには技術者の知り合いがたくさんいました。ときどきそういう知人たちと会っていたのですが、常に隙を見せないビジネススクールの同級生に比べると、技術者たちはのんきで人がよく、会うとほっとしたものでした。

学生たちは、何をするにもとにかく競争的です。アメリカではよく中古品のガレージセールなどをします。まさか知り合いを騙してモノを売りつけるようなことはしないだろうと思っていると、わりと平気で驚く罠をしかけてきます。彼らにとってはゲームみたいなものなのでしょうが、私はそういうペースやカルチャーにはなかなかなじめませんでした。

学生の半分以上は理系学部の出身

スタンフォードのビジネススクールの特徴は、半数以上の学生が理系学部の出身者であることです。将来的に金融や経営コンサルティングを目指すには、学部レベルで理系を学んでおいた方が得だという意識があるからです。

ですから、アメリカの金融業界や経営コンサルティングには技術に明るい人がとても多い。また、MBAを取って、インテルやマイクロソフトなどに就職を希望する人も相当数います。そういう人たちとは気が合って仲よくなりました。

友人たちと実際にビジネスプランを作り、起業を考えたこともあります。なにしろMBAの学位を取るために東芝に戻れない可能性があり、仕事を探す必要にも迫られていたからです。かなり本気でプレゼンの資料作りなどもしました。

意外にウェットなシリコンバレー

シリコンバレーは半導体の聖地ですので、東芝の顧客であるアップルの人なども来校します。先日亡くなったスティーブ・ジョブズの「Stay hungry, stay foolish.」という有名な言葉は、スタンフォード大学の卒業式のスピーチで述べたものです。

またインテル創業者の一人、アンディ・グローブが私の先生でもありました。スタンフォードに行ったのは、グローブの授業を受けたかったというのも大きな理由です。

シリコンバレーの実態を知り、一つ驚いたことがあります。半導体業界は生き馬の目を抜くような世界です。ビジネスプランを見て、さぞや将来の展望や実現性を重視し、「100倍もうかりそうだから投資決定」といったような判断を下しているのだろうと思っていました。

ところが、投資先の決定において実際に大切にしているのは人間関係であり、お互いがお互いを信用しているから仕事をまかせるという、きわめて情緒的な世界でした。逆に、その人間関係＝信用を一度裏切るとバサッと切られてしまいます。

業績以上にものを言う、コミュニティ内での評判

シリコンバレーでの人材の動き方もおもしろい発見でした。

日本では、どんなに優れた人材でもその実力は原則として社内でしか分かりません。学会の有名人などであれば話は別ですが、よほどのことがない限り、他社にまで名をとどろかせるのは困難です。

ですから、会社を辞めるとその先がなくなってしまいます。極論すれば、会社の奴隷にならないと日本ではやっていけないということです。

その点、シリコンバレーでは、会社を辞めることのリスクがとても小さい。

企業が事業を止めるとき、その事業を担当していた技術者が解雇されることがよくあります。でも腕のいい技術者ならば、他社が拾ってくれます。同じコミュニティのなかを人材がぐるぐる動いているのです。

起業するにしても、日本のように借金をして会社を立ち上げたりしません。株式で資金を集めますので、会社が倒産しても身ぐるみ剝がれることはありません。

失敗して倒産しても、その技術者がどんな人間か、シリコンバレーのエンジニアたちはよく知っています。評価が高ければインテルやIBMなどの企業が雇用してくれます。このとき、どんな業績を挙げてきたかということ以上にものを言うのは、彼が人間として信用するに足るかという、コミュニティ内での評判です。

ベンチャーから大企業まで、多くの企業が熾烈《しれつ》な競争を繰り広げるシリコンバレーも、ビジネスライクにお金と結果のやりとりだけをしているわけではなく、実は人間関係を一番大切にし、お互いの信用とつながりで動いているのです。

シリコンバレーの仕組みが分かったことで、私は多少安心しました。東芝に戻れる保証はありませんでしたが、おそらくここでなら仕事は見つかると思ったからです。

「受けた恩は次の世代に返しなさい」

落第の危機などもありましたが、私は何とか単位を取得し、帰国の時期が近づいてきました。あいかわらず会社は「1年半で帰れ」、私は「帰れない」の一点張りで、まったく歩み寄る気配はありません。

留学中はいつも頭の片隅に「帰らなかったら仕事がなくなる」という不安がありました。毎日、少しずつ砂時計の砂がこぼれ落ちていくようなプレッシャーを感じていました。

そしてついに期限の1年半に近づき、私は退職の覚悟をかためつつありました。しかし「捨てる神あれば拾う神あり」です。社内のいろいろな人が動いて、会社にかけあってくれたのです。

なかでも古山透さんという、学生時代の企業訪問時に一度会っただけの方が手を尽くしてくれました。見学後、わざわざ自宅まで電話をかけ、「自分の部署じゃなくてもいいから、ぜひ、君には東芝に入ってほしい。君にほかの企業に行かれるのは東芝にとって大きな損失なんだ」と言ってくださった方でした。

入社後は部署が違うため、まったく会う機会はありませんでした。それが留学中に、たまたま人事異動で私の上司になり、「あのときの竹内なら」と、人事部にかけあってくれたのです。本当にありがたく、当時の感動は忘れられません。

その結果、人事部はようやく留学期間の延長を認めてくれました。なんと社内に新しい留学制度を作ってしまったのです。

人事部としては、建前上、「例外」を認めることはできません。そこで、留学の期間を定めず技術者がMBAに行ける新たな制度を設ける、という知恵を働かせてくれました。私がむりやり作らせてしまったようなものですが、その一期生として、MBAの学位を取る許可がおりました。

結局、私はMBAを取得するまでに、社内で三つの留学制度を転々とすることになりました。人事部が、MBA取得者が会社に戻ってこないという問題とも折り合いをつけ、柔軟に対応してくれたおかげです。やはり東芝は懐が深いなと、いまでも感謝しています。

MBAを無事取って東芝に帰任したあと、古山さんにお礼にうかがったら、「君は私に恩返しはできないよ。これを君に続く次の世代に返してあげなさい」と言われました。その約束を果たせているのか。いつも自問し続けなければいけない言葉だと思っています。

「会社を変えてみせる」という決意を胸に

留学中は、シリコンバレーに出張に来た経営幹部の方が、「元気にしているか」などと気さくに声をかけてくれました。日本にいたら、とても直接話す機会などない、雲の上のような人たちです。このような人たちとダイレクトな関係が築けたのは、海外駐在ならではの経験でした。

実はライバル企業からヘッドハンティングにもあったのですが、東芝の技術をもって違う企業のために働くことはできないと思っていました。東芝には、自分をここまで育ててもらった恩があります。受験を後押ししてくれた技術者仲間や、留学延長をかけあってくれた上司をはじめ、自分を応援してくれている人たちもたくさんいます。恩返しもしないまま、そういう人たちとの関係を絶つことなどとてもできない。

それに、私には東芝という組織を変えたい、変えてみせるという思いがありました。MBAを取ろうと思ったのもそのためですし、帰国時もその思いに変化はありませんでした。

スタンフォードでの友人たちからは、一様に「無駄だよ」「大企業は変わらないよ」と言われました。でも、とにかくやってみないことには納得できません。「やるだけやってみよう」という思いを胸に、私は帰国の途につきました。

第3章 半導体ビジネスの最前線で

一躍花形事業にのし上がったフラッシュメモリ

私が帰国した当時、東芝は、数千億円もの予算規模で、三重県四日市市に新たな半導体工場を建設するプロジェクトを進めていました。

帰国した2003年、フラッシュメモリが大ブレーク、というよりはフラッシュメモリを使用した製品が大ブレークし、新技術・製品の開発が不可欠になったからです。

その製品こそ、アップルの携帯音楽プレーヤー「iPod」です。

デジタルカメラの普及にしたがって、フラッシュメモリも需要が増えていました。ですが、それ以外の用途があまり広がらず、市場そのものは頭打ちの状態でした。

そこに登場したiPodは、フラッシュメモリを一躍スターダムにのし上げました。フラッシュメモリの登場以前、記憶媒体として一般的だったのはハードディスクです。2001年に発売されたiPodの初代モデルもハードディスクを使用していましたが、ハードディスクはサイズが大きいうえ消費電力も大きく壊れやすいという欠点がありました。

その点、フラッシュメモリは、消費電力が小さくて壊れにくく、小型で大容量化も可能です。フラッシュメモリはiPodの進化をうながし、より小型化・高機能化された製品の開発につながりました。

その後フラッシュメモリを用いた製品は、iPhone、iPad、MacBook Airへと発展していきます。フラッシュメモリの需要も大幅に増えるという好循環が生まれ、フラッシュメモリ製造の総本山である東芝は、その好機に勝負に出たわけです。

工場建設から始める大プロジェクト

私が渡米している間に、フラッシュメモリはすでに東芝の主力事業になっていました。帰国した私は、新製品を開発するプロジェクトに参画し、次世代フラッシュメモリの設計部門のプロジェクトリーダーという立場になりました。当時、東芝にはプロジェクト制という社内制度があり、各プロジェクトごとにリーダーを決めて仕事を進めていました。私はその一人になったわけです。

再び研究職に就く選択肢もありましたが、せっかくスタンフォードで学んできた以上、研究所ではなく事業部で、ビジネスの最前線に立つ仕事をしたいと思いました。会社側もわざわざMBAを取ってきた人間に、基礎研究をやらせるつもりはなかったでしょう。

プロジェクトリーダーとは、「役職も給料も上げないが、そのプロジェクトを指揮する権限はある」という、平社員でも部長でもいいポジションです。

仕事としては、まずは業界の動向や市場のニーズを考え、必要とされているフラッシュメモリを予測し設計します。それと同時に製造プロセスや製造装置のスペックを考え、その開発をサポートするという内容です。

自動車メーカーなどであれば、すでに製造機械のラインがあり、その構成を変えることで新たな車種が製造できたりします。しかし半導体はそういうわけにはいきません。後でもお話しするように、半導体製品というのは、プロジェクトが始まった時点では、完成形が見えていません。しだいに見えてくる製品像に合わせながら製造装置ごと開発していくことになります。

装置だけでなく、工場そのものも同時進行で建設を進めるので、莫大な投資が必要となります。常に工場の建設から始まるわけではなく、装置だけを入れ替える場合もありますが、そのときは東芝で初めての300ミリウエハのメモリ工場を建設するという大プロジェクトでした。

ウエハとは、半導体の材料であるシリコンを円盤状に加工してできた薄い板のことです。そこに回路を焼きつけて長方形に切り出したものが、ICチップになります。ウエハの直径が大きいほど、一度に多くのチップを切り出すことができるので、コストダウンが可能になります。当時は、それまでの主流の200ミリから300ミリへと、ウエハの大型化に向けて、メーカーが鎬《しのぎ》を削っている時期でした。

いきなり一番厄介な問題に直面

留学前は一技術者にすぎなかった私は、帰国後、数千億円をかけて作る半導体の設計・仕様を決定できる立場になりました。非常に大きな責務ですし、やりがいも感じていました。

しかし、すぐに半導体設計に着手できたわけではありません。最初に取り組む必要に迫られたのは人材マネジメントでした。

フラッシュメモリは急速に事業が拡大したために、プロジェクトには多様な分野から技術者が参加していました。いわば寄せ集め的な集団だったので、まだ組織としての体をなしていませんでした。

会社や事業分野の成長にしたがい、技術分野と組織運営の両面をサポートしないと、とたんに組織がうまく稼働しなくなるということは、留学時代に学んだことでした。当時はまさにその構図で、技術はあるけれども、組織が動いていないという状況でした。

そもそも人材が足りない。信用してまかせていた人が思ったほどできない。それなのに現場のリーダーが鈍感で、なかなかそのことに気づかない。ようやく気づいて人を入れ替えたりすると、最初の担当者がくさってしまう。

ビジネススクールの授業でも、一番難しいのは、人材マネジメントの問題でした。そういうケーススタディを数多く行ってきましたが、実際に人を動かすのは、当然のことながら苦労の連続でした。

半導体は「走りながら考える」ビジネス

着任していきなり、人間関係のウェットで厄介な問題に直面したわけですが、そのときは、人材マネジメントの経験豊富な先輩のアドバイスをあおぎながら、何とか組織をまとめていきました。当初5人程度だった設計チームは、最終的に約50人のスタッフになりました。

それとともに新しい半導体製品の設計も進行していました。お話ししたように半導体は最初の段階では、製品の完成形が見えていません。工場や製造装置の立ち上げと同時進行で設計図を煮詰めていきます。その点が、ほかの工業製品とは大きく異なります。何を作るか分からないのに、工場や装置の仕様をどうやって決めるのかという話なのですが、半導体ビジネスはまさに「走りながら考える」ビジネスです。

これから数千億円も投資する製品が本当に売れるかどうか分からないまま、とにかく走り出さないといけない。ハイリスク・ハイリターンのギャンブルと言ってもいいでしょう。

ある程度読めているのは、市場動向だけです。たとえばｉＰｏｄならば、メモリ容量が年ごとにどの程度増加するかを予測したロードマップのようなものがあります。そこで私たちは「工場が稼働する2年後には4倍の容量が求められるだろう」といった推測のもとに開発を進めていくのです。

結果的に、予測どおりの市場となればメーカーは大きな利益を上げられますが、そうならない悲惨な場合もあります。しかし、どのような半導体でも新製品の開発までに3、4年はかかるので、市場が見えてから投資して開発を始めるのでは遅すぎます。最終的な市場が見えない段階で資金をつぎこみ、3、4年後の需要に応える製品を開発しないといけないのです。

一つの技術だけ高スペックになっても意味がない

3、4年後にどんな技術が生まれ、世の中がどう変化しているか。予測するのは困難ですが、業界のトレンドや方向性のようなものは存在します。メモリ（記憶装置）もCPU（中央演算処理装置）も、そのトレンドを見ながら製品開発を進めます。そこで大切なのは、進化したメモリやCPUがセットとなった、「製品の全体像」を予測しておくことです。

たとえば、現在人気のスマートフォンは、通信スピードの高速化、ディスプレイの高精細化、タッチパネルの高品質化などがさらに進むはずです。そのような主要技術・部品の進歩により、スマートフォンはどういう進化を遂げるのかを考えておくのです。

主要技術・部品が進化すると、コンピュータの演算量は膨大になるので、CPUもメモリも速くならないといけません。各部品が連動して一つの製品を動かすので、高精細なディスプレイだけできても、表示される内容を記憶するメモリが高スペックに応えられないと意味がないわけです。

たとえ高スペックの半導体を開発しても、ほかの部品がそれに追いつけないとダメ。逆に部品のうち、一つでもスペックが足りないと、製品全体の性能がガクンと落ちてしまいます。

そういう事態を避けるため、この業界では、各社の技術進歩や市場の動向を見定めながら足並みをそろえていくことが、とても重要なのです。

市場の穴を埋めてくれたのはiPod

フラッシュメモリのブレークは、まさしく市場全体の変化でもたらされたものでした。初期のフラッシュメモリは主にデジタルカメラの記憶媒体として利用されていました。市場はカメラの高画素化とともに成長してきましたが、2000年代前半になって400万〜600万画素程度の製品が登場すると、停滞期に入ります。

400万〜600万画素もあれば、画像として十分きれいなので、もう画素数を上げる必要はないのではないか。数千万画素などというレベルまでは到達しないだろう。業界としてそのような予測があり、実際もそのとおりになっています。

しかし、画素数が大きくならなければ、より大容量のフラッシュメモリは不要で、新技術・製品の開発に向けた投資ができません。市場が飽和したため、フラッシュメモリの値段もどんどん下がり始めていきました。

パソコンのハードディスクに代わる役割を担おうという動きもありましたが、それにはまだ容量が足りません。つまり、フラッシュメモリの容量がデジタルカメラには大きすぎ、パソコンには小さすぎるという状態にあり、市場にポッカリと穴があいてしまったのです。フラッシュメモリ各社が新しい市場を探していたときに登場し、市場の穴を埋めてくれたのがｉＰｏｄでした。フラッシュメモリは、ｉＰｏｄの成功で息を吹き返しました。

それでも高品質・大容量の技術を目指す理由

もっとも、フラッシュメモリがあったからこそｉＰｏｄは成功したという見方もできます。ｉＰｏｄシリーズの小型化・高機能化はフラッシュメモリなくしてはあり得ませんでした。

私が東芝時代からとてもお世話になっている方に小林清志さんという方がいます。現在は東芝セミコンダクター社（東芝の半導体事業部門）で社長をされています。当時小林さんはこんなことを言っていました。

「自分たちの能力は限られているから、新たな市場をすべて予測することはできない。自分だけで新しい市場を創造できると思う方が傲慢だ。しかし、世の中には知恵を持ったいろいろな人がいるから、半導体を使って画期的な製品を考える人が必ず出てくる。だからこそ、低電力、大容量といった半導体技術を開発・発信し、世の中の新しいアプリケーションを考える人たちを刺激する必要がある。そうしないと、使い道を考えてくれる人が出てこなくなってしまう」

フラッシュメモリは、電気製品の一部品として使用されます。私たちがフラッシュメモリの性能や容量を高めることに注力し、すばらしいアイディアを持つ人がそれをうまく活用してくれれば、結果的に大きな成功につながります。iPodはまさしくその具現形でした。

画期的な製品が誕生すると、半導体市場も大きくなります。それに伴って売上げも増えるので、さらに高品質・大容量の半導体開発が進みます。すると次には、最先端の半導体を搭載して進化したiPadが登場する、といった好循環が生まれるのです。

半導体に限らず、優れた技術を開発しておけば誰かが使い道を考えてくれます。大事なことは新市場への起爆剤となる技術やアイディアを考える人に、半導体はいつまでも進化していくんだという将来像を示すことだ、というのが小林さんの考えでした。

刺激しあって進化するメモリと電気製品の生態系

フラッシュメモリと電気製品の発展プロセスを示した76ページからの図を見てください。私が開発に携わり始めたのは、初期の初期です。当初、東芝ではフロッピーディスクに代わるデータの記憶媒体として、「スマートメディア」という製品を発売しました。

次にSDカードとして、デジタルカメラの画像保存に使用されるようになり、続いてｉＰｏｄなどのオーディオ分野に用途が広がりました。さらには動画、パソコン領域にまで発展を遂げ、それとともにフラッシュメモリはどんどん大容量化が図られていきました。

現在グーグルなどが取り組もうとしている「ライフスタイルストレージ」とは、生活行動で変化する身体や環境の状態などを、長時間にわたり記憶する技術です。実現には莫大な容量のメモリが必要なので、半導体業界はその開発に鎬を削っています。

私が入社したころ、フラッシュメモリの記憶容量は2メガ〜4メガバイト程度でした。1・6メガバイトのフロッピーディスクに代わるにはそれで十分だろうと考えられていました。ところが、画像や音楽・書籍など、用途さえ見つかれば大容量の需要はいくらでも出てきます。技術とアイディアがうまく融合すれば、新たな市場が誕生・発展していくものなのです。

ただし、ここまでお話ししてきたように、独りよがりの技術では意味がありません。自分とは違う分野であっても、周辺技術の開発に取り組んでいる人たちと関係を築き、業界がどこに向かおうとしているかを見定めておく必要があります。

ライオンが1匹生きていても、エサがなくて死んでしまうだけです。ライオンが食べるシマウマがいて、シマウマが食べる草があって、草が生えるためには日光も水もいります。そういう生態系は自然界だけでなく、ビジネスの世界にも築かれています。自分が生態系のどんな立場にあるかを把握し、その一員として必要な役割を担うことが非常に重要なのです。

マイクロソフト、インテル、アップルとわたりあう

2003年に次世代フラッシュメモリ設計のプロジェクトリーダーに就いた私にとっても、業界の動向や市場のニーズを探ることはとても重要でした。設計スタッフがある程度固まって以降、私は多様な分野の企業を調査するため、世界中を飛び回るようになりました。いわゆるマーケティングです。

もちろん、私は設計の責任者なので、主要な技術開発からは目が離せません。しかし設

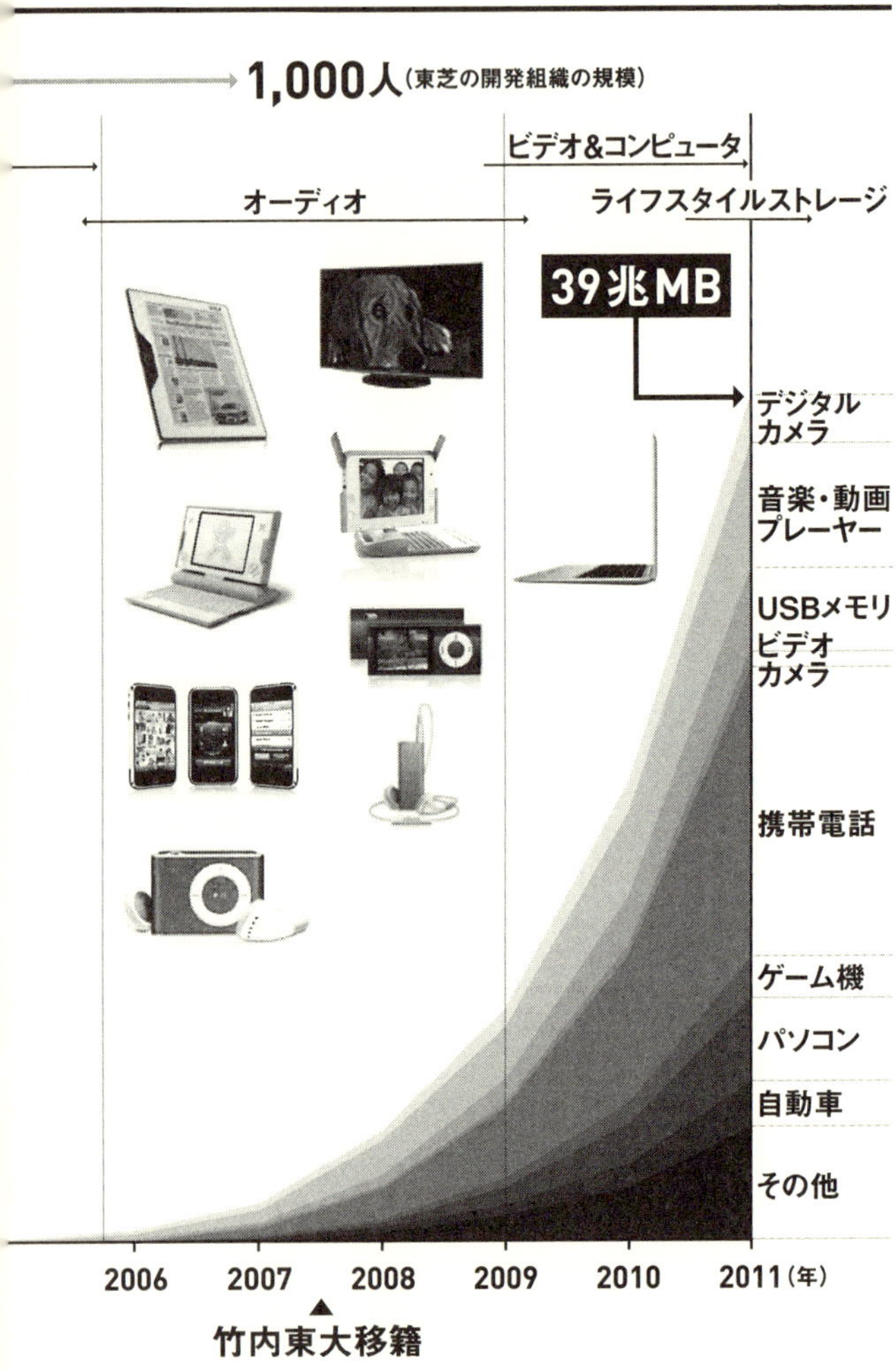
1,000人（東芝の開発組織の規模）
ビデオ&コンピュータ
オーディオ
ライフスタイルストレージ
39兆MB
デジタルカメラ
音楽・動画プレーヤー
USBメモリ
ビデオカメラ
携帯電話
ゲーム機
パソコン
自動車
その他
2006
2007
2008
2009
2010
2011（年）
竹内東大移籍

フラッシュメモリ、0兆円から2兆円産業への軌跡

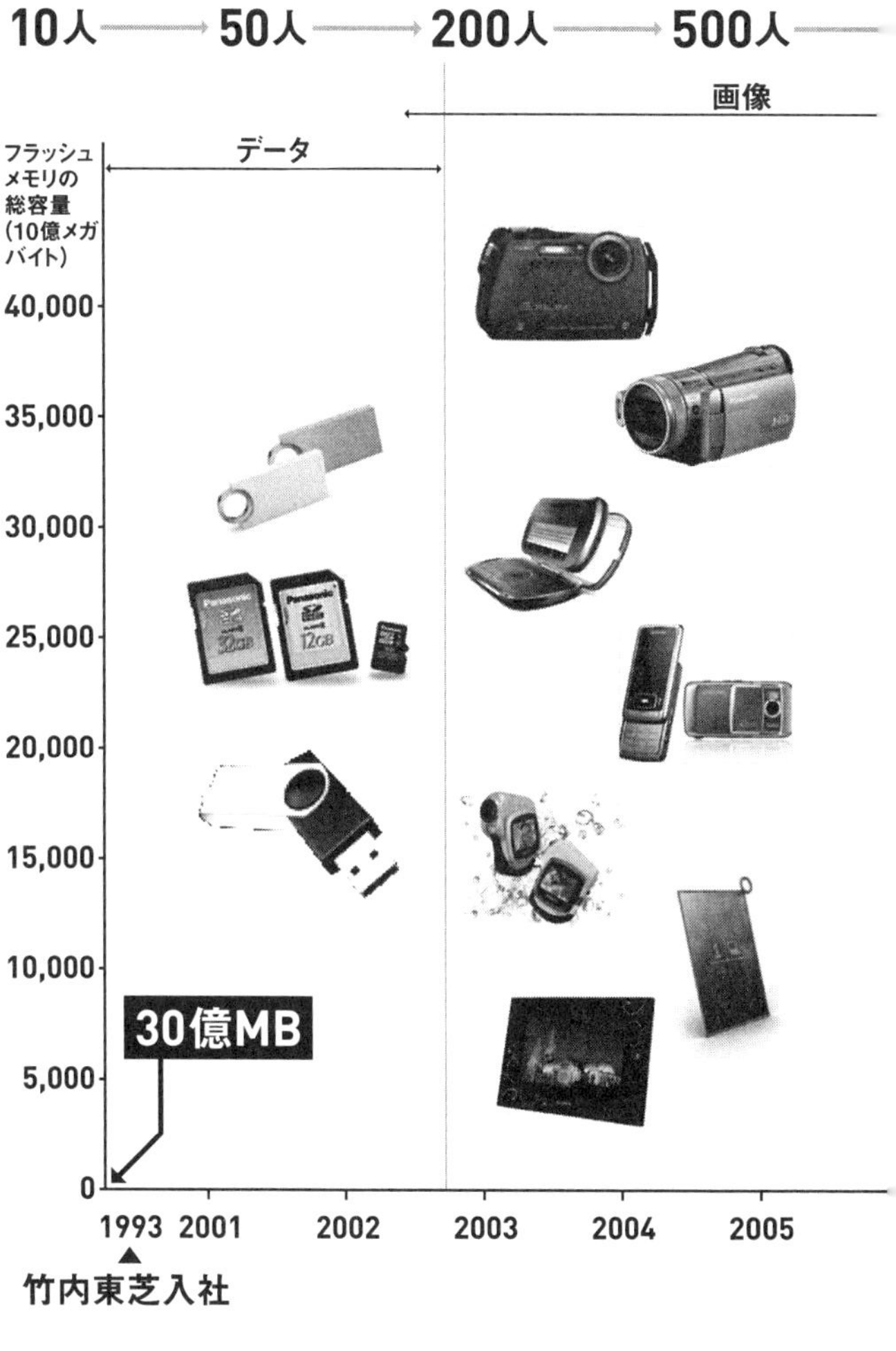

計チームには優秀な技術者が数多くいたので、かなりの部分を安心してまかせられました。MBAを取得したのも、ビジネスの最前線に立ちたかったからです。私はようやくその舞台に立てた感がありました。

世界に出てみると、とにかくフラッシュメモリの存在が大きくなっていることを実感しました。当時も現在も、東芝のフラッシュメモリは世界一、二のシェアを誇ります。数の力はやはり大きく、業界の牽引役というポジションを誰もが認めています。

そのため各メーカーは東芝の動向を知りたがります。特に当時は品薄だったため、フラッシュメモリを「買ってください」ではなく、「売ってください」という状態でした。

しかも、私は新しい半導体製品の設計責任者です。相手から見たら、数年後に何万枚規模で製造される半導体の仕様を決めるキーパーソンです。そのポジションの力は大きく、「東芝でフラッシュメモリを設計している」と言えば誰とでも会うことができました。

こうしてマイクロソフト、インテル、アップル、ソニーなどの世界的企業と、直接にわたりあう仕事が始まりました。

新製品の開発をめぐる駆け引き、共同戦略etc.

各メーカーがどんな新製品を開発するつもりなのか。マーケティングの主な目的はその調査にあります。もちろん、真正面から尋ねても、そのような企業機密を教えてもらえるはずがありません。

しかし、相手も、東芝がどういう方向性の半導体を開発するつもりかを知りたがっています。たとえば、当時はｉＰｏｄにカメラは搭載されていませんでしたが、今後、画像や動画を記録するには大容量のフラッシュメモリが必要です。そこで、「そういう製品開発の予定があるならこちらも考えますよ」といった駆け引きができるのです。このようにして、多くのメーカーと、かなり踏み込んだ情報の交換ができました。

ＣＰＵの企業と組んで、私たちの側から携帯機器の新製品を提案することもありました。メモリはデータの再生・記憶に使用されますが、それを動かすのはＣＰＵです。高性能なＣＰＵになるほど電力を消費しますが、携帯電話は電池のもち具合が重要なので、ＣＰＵに大きな電力を使われるわけにはいきません。

そこでＣＰＵの低電力化が不可欠になってきます。それには、ＣＰＵのトップメーカーであるインテルが得意な高性能化とは異なる技術が必要です。私たちは低電力化が得意なＣＰＵ開発企業を渡り歩き、「東芝のメモリと組み合わせてこんな製品を作ろう」といった相談をしました。

ＣＰＵとメモリは別業種ですから、お互いに売買するわけではありません。ですが、協力関係を築いてアップルなどにチップを共同で提案すれば、大きなビジネスにつながる可能性があります。そういう共同戦略などを講じながら、新製品開発の業界を自ら動かす貴重な経験ができました。

マイクロソフトもフラッシュメモリに目をつける

世界的企業とわたりあう環境にいると、業界で誰が力を持ち、誰が何をどう決めているかが分かるようになってきます。鍵になるのはやはり数の力で、シェア、購買力、生産力などが大きい企業は圧倒的な力を持っています。

なかでもパソコンＯＳのデファクトスタンダード「Ｗｉｎｄｏｗｓ」を開発したマイクロソフトはやはり別格です。ところが、意外にもマイクロソフトは自ら私たちにアプローチしてきました。

フラッシュメモリは大きな可能性を秘めていましたが、それはデジタルカメラからｉＰｏｄへという流れです。企業で言えば、富士写真フイルム、カシオ、キヤノン、ニコン、ソニーなどから始まり、続いてアップルが参入。携帯電話ならばノキアといった流れでフラッシュメモリの活用は進んできました。そこにパソコンは出てきません。

パソコンはどんどん高性能化が進んでいたので、フラッシュメモリはまだ容量が足りないと思われていたのです。

しかし、遅ればせながら、マイクロソフトもフラッシュメモリの重要性を認識するようになり、学会などでフラッシュメモリに関して積極的に質問をするようになってきました。私たちへのアプローチがあったのも、その時期です。

現在では、ハードディスクの代わりにSSD（Solid State Drive）というフラッシュメモリを搭載したパソコンが登場し、シェアを広げています。最新のOSであるWindows7には、トリムコマンドという、SSDをうまく使いこなすための機能が実装されています。私たちは当時からそういう技術を一緒に話しあっていました。

メーカーのキーパーソンを引き抜くアップルの人材戦略

成功している企業はみんな貪欲で、常に激しい戦いを繰り広げています。

たとえばアップルは、カリスマ経営者スティーブ・ジョブズの感性を全面に押し出したスマートな会社に見えます。しかし舞台裏では、貪欲で泥臭い攻防を繰り広げています。東芝と三星電子など複数のメーカーを競わせて、フラッシュメモリを少しでも安く買おうとする。付きあいが長い会社でも、技術で後れを取ると、平気で切る。こういった「昨日の敵は今日の友」「今日は友でも明日は敵」という戦国時代さながらの駆け引きは日常茶飯事です。

アップルはフラッシュメモリを開発、製造するわけではありません。ですが、フラッシュメモリが重要だと判断したら、フラッシュメモリメーカーのキーパーソンをヘッドハンティングするなどして、社内に引っ張ってきてしまいます。購買や製品仕様の交渉を優位に進めるためには、フラッシュメモリをよく理解している人間を雇ってしまえばいいという発想なのです。

ディスプレイにしても、タッチセンサーにしても、鍵となる部品についてはすべてそういう戦略をとっているのではないでしょうか。たんに優れたデザインを考えているわけではなく、最新の技術を低価格で購入するための戦略を常に考えているのです。

アップル社内には小ジョブズがたくさん

アップルのように、いろいろなパーツを組み立ててパソコンや携帯電話などに仕上げる企業をセットベンダーと言います。業界では「箱屋さん」と呼んでいます。自社でメインのパーツは作らず、各パーツメーカーから集めた部品をｉＰｏｄといった製品に実装して売るからです。

ｉＰｏｄが現れるまでは、フラッシュメモリの用途としてはデジタルカメラ用の製品がメインでした。東芝の主だった顧客も、ソニー、松下、富士写真フイルムといった日本メーカーがほとんどでした。

こうした日本企業のなかには、フラッシュメモリの技術の打ち合わせに、技術者ではない部品調達部門の人しか現れないところもありました。

彼らの仕事は、必要な部品をどれだけ安く買うかということです。技術に関する要求・要望などはありません。そのようなミーティングでは、その会社の特徴を活かせるフラッシュメモリの開発や使い方といった議論にはなりません。

一方、アップルは技術を深く理解している人材をそろえています。当時はフラッシュメモリまで理解している人はさすがに少なかったのですが、ハードディスクのプロのような人はたくさんいるわけです。

ハードディスクも記憶媒体なので、ハードディスクが分かっていれば、コンピュータシステムのなかでフラッシュメモリが果たす役割を理解するのはさほど難しくありません。このように、各パーツのプロを社内に配置しておき、アップルの製品に一番都合がいいように、各部品メーカーに必要なスペックの製品の開発をうながします。

アップルはデザインやユーザーエクスペリエンスばかりもてはやされがちで、「アップルには技術がない」などと言う人もいます。これは大いなる誤解です。自ら半導体の開発こそしていませんが、技術を深く理解して、半導体メーカーをリードしてきたのはアップルです。

さらに決断がどこよりも早く、決めたら即、大量発注です。私はジョブズと直接仕事をしたことがあるわけではありませんが、社内には小ジョブズがたくさんいて、ジョブズが細かいことを言わなくても、自律的に動ける組織に見えました。技術面でもマネジメント面でも、世界のどのエレクトロニクスメーカーよりも優れていたというのが、私がアップルと付きあった実感です。

社長自ら、他社の技術者とやりあうサンディスク

シリコンバレーに本社のあるサンディスクは、メモリを中心にしたメーカーで、東芝とフラッシュメモリを共同開発していました。共同開発といっても、少しでも自社の技術・特許を使わせたいので、両社の間で技術の採用をめぐって闘いがあります。

四日市工場で両社の会議が開かれたときのことです。サンディスク側は、エリ・ハラリさんという創業者兼社長（当時）が自ら会議に出席しました。サンディスクを起業し、一代で大企業に発展させた人物です。莫大な資産を築いて何不自由なく暮らせるのに、ハラリさんはそんな立場に安住していません。最新技術の吸収に貪欲で、社長となってからも現役の技術者として、次々と新しいアイディアを出していました。

会議室にはお互い3列ほど席があり、最前列には社長、次に部長、最後列にそれ以下といった感じで着席します。私はもちろん最後列です。

東芝とサンディスクのどちらの技術方式を採用するかという議論になると、サンディスク側は最前列、つまり社長のハラリさんが一番発言してきます。ところが、東芝側は最後列の私たち技術陣しかそれに応じません。結局、技術の細かい話になると、私のような技術者が最前列に出てハラリさんと対決するしかないわけです。

ハラリさんの本来の仕事は会社の経営なので、すべての技術を細部まで理解しているわけではありません。技術的に分からない部分は当然あります。私たちがそこを衝いて、論破しようとすると、「これは日本を復活させるために提案しているんだ」と、ハラリさんが大見得を切る場面もありました。

急に技術者から経営者の顔に変わったのがおかしく、思わず笑ったら、「笑うな。俺は本気で言っているんだ」と睨みつけられました。

ハラリさんに感心するのと同時に、やはり企業には技術と経営双方を理解した人間が必要であることを痛感した出来事でした。

いまの勝者が次世代で勝てる保証がまったくない世界

フラッシュメモリの開発では常に、韓国の三星電子がライバルです。

私の任務として重要だったのは、三星電子よりもコストや消費電力が低く、かつ高い性能を持つ新製品を、できるだけ早く、たとえば半年でも早く開発することでした。それは先行者利益を得るために重大な課題でした。

工場の建設に数千億円もかけているので、製品開発が遅くなると会社のふところ具合が厳しくなってきます。一刻も早く工場を稼働させる必要があるのです。

半導体はナノメートル（10億分の1メートル）という単位で示される製品サイズで世代が代わります。２年程度でまったく新しい技術になってしまうため、前世代で勝ったからといって、次世代でも勝てるという保証は何もありません。この点は自動車などの工業製品と大きく違うところです。

勝ち負けがはっきりしており、このサイズの勝者は東芝、次世代の勝者は三星、といったように毎世代、勝者が変わることも珍しくありません。

競争に勝つには1日でも早く新製品を出すことが重要です。３年後に顧客に卸すには1年半後までに試作品を完成させる、それにはこの時期までに設計を完成させるといった計画を策定し、可能な限り前倒しで開発を進めます。そして新製品が出るころには、すでに次の製品開発に向けた作業が始まっています。

開発競争には永遠に終わりがありません。「ラットレース」と言って、回し車のなかで死ぬまで走り続けるネズミと同じです。

市場シェアの拡大から逃げていては勝てない

１９９９年ごろ、三星電子との競争で東芝が一歩前に出ました。当時、東芝はＩＢＭ、ジーメンスと共同でＤＲＡＭ（Dynamic Random Access Memory／ディーラム）という部品の製造技術を開発していました。

このＤＲＡＭに用いた微細加工技術は非常に優れており、導入する製品に垣根がありませんでした。そこで、この技術をフラッシュメモリに応用したところ、製品の劇的な低コスト化が可能になりました。

その後も、私たちがかねてから開発していた多値フラッシュメモリなど、新たな回路技術について東芝は常に先行しています。

革新的なアイディアや、高品質の製品を開発する技術力において、日本の技術者は間違いなく優れています。これは大いに誇るべきことだと思います。

三星電子に限らず、アジア企業の多くは、積極的な投資戦略などにより、大工場における大量生産でコスト低減を図り、安い製品でシェアを奪います。品質的には日本製の方が優れていたとしても、最低限の品質をクリアしていれば、やはり顧客は安い製品を選びます。

いくら日本の技術力が優れているとは言っても、彼らに対抗できる価格を設定し、数の勝負を挑むことも必要です。消耗戦と言えば消耗戦ですが、積極的な投資と、市場シェアの拡大から逃げていては半導体ビジネスでは勝てません。

最近はマイクロンというDRAMのメーカーがインテルと提携し、インテル・マイクロンの頭文字をとった「IMフラッシュテクノロジーズ」という会社を設立しました。

また、韓国のハイニクスというDRAMのメーカーも、フラッシュメモリの製造に参入してきました。

東芝、三星電子、インテル・マイクロン、ハイニクス。フラッシュメモリはだいたいこの4社が競いあっている状況です。数千億円もの投資をして売上げゼロから市場に参入するにはリスクが高すぎるため、半導体事業への新たな参入は非常に困難です。

その狭いサークルのなかで、コスト低減や大容量化などの技術で常に勝ち続けていないと、他社との競争に敗れてしまいます。逆に技術開発と、工場への投資がうまく循環すれば、大きな利益を上げられます。

顧客の要望に応えるだけでは発想が行き詰る

マーケティングを経験したことで、新たな製品開発の視野も広がりました。

顧客に対して何が必要ですかと問いかけても、「現在の形は変えずに、安くて、省電力で、高速なもの」などと言うだけです。消費者はいまある商品の範囲・延長でしか考えてくれません。その要求に応えることだけを考えていると、新たな製品開発への発想が狭まってしまいます。市場調査などに頼っても、いいアイディアは生まれないわけです。

ところが、マーケティングの現場でCPUやOSといった広い領域まで俯瞰することができたため、メモリのある部分を変えれば、連動するCPUとOSの条件も変わり、もっと安くて、省電力で、高速なものに仕上がるという、最終的なアプリケーションのイメージがつかみやすくなりました。

マーケティングで市場を知ったことで、発想が自由になり、いろいろな視点からメモリを考えられるようになったのです。

仕事の「隙間部分」を見つけることとも、これと同じです。世界全体を知らないと、隙間がどこにあるかが分かりません。マイクロソフトやアップルといった世界的企業と付きあったことで、世界にはどこにどういうプレーヤーがいるか分かりました。そうすると「あそこが空いている」とか、「あそこを少しいじったら隙間ができそうだ」という視点が持てるようになるものです。

特許訴訟でアメリカの法廷に立たされる

ビジネスの最前線に立つということは、トラブルの矢面に立つということでもあります。特許をめぐる訴訟のため、カリフォルニア州の法廷に立ったこともありました。

1990年代、東芝は、アメリカのレクサーメディアというベンチャー企業と仕事をしていた時期がありました。その後、レクサーとの関係を解消し、競合企業であるサンディスクと提携関係を結びました。すると、レクサーが、自社の技術を盗んだと東芝を訴えてきたのです。

それは私たちが開発した技術で、彼らの訴えは明らかに難癖だったところもあるのですが、訴えられた以上、闘わないわけにはいきません。

裁判では、まず裁判前に、レクサー側の弁護士が私たち東芝側の技術者から事情を聴取する「聞き取り調査」が行われます。これは公式記録として裁判に使用されます。日本で聞き取りをする場合は、アメリカの主権が及ぶアメリカ大使館で行われます。

聞き取りが行われる室内にはビデオカメラがあり、書記もいます。そこで丸一日、意地悪な質問や誘導尋問に耐えなければなりません。レクサー側は私の失言を引き出し、1カ所でも揚げ足がとれたら、前後の話とは関係なく、都合の良いフレーズだけを引用して裁判に持ち出そうという魂胆なのです。

ですから、事前にかなり練習して、理論武装しました。東芝側の弁護士も同席していますが、「よけいなこと言うなよ」という顔で座っているだけです。せいぜい相手側の質問に対して「異議あり」と叫ぶくらいしかできません。

聞き取りは英語でした。英語で応じられなくはなかったのですが、そのときは専門の通訳に入ってもらいました。その方が正確なやりとりができますし、通訳している間に回答を考える時間がかせげるという利点もありました。

完全なアウェーで自分たちのオリジナリティーを訴える

アメリカの裁判は陪審制です。最先端技術をめぐる訴訟でも、審判を下すのは一般人です。技術のことなどまったく分からない普通のおじさん、おばさんに判定をゆだねるわけですから、印象も大事です。ニコッと笑ったり、アイコンタクトをしたりと、法廷に立つ練習もしました。

一方、レクサーは「当社はベンチャー企業でまだ力はないが、シリコンバレーの星だ。それをアジアの世界的巨大企業がいじめている」と陪審員の感情に訴えかけるアピールをしてきます。私たちにとっては完全なアウェー状態でした。

技術の訴訟ですから、結局は技術の話をするしかありません。弁護士と相談しながら、その技術は私たちのオリジナルなんだと主張し続けました。

私たちが1990年代前半から研究を始めていたことが評価され、私が関係した訴訟では東芝の主張が認められました。現在のフラッシュメモリの鍵となる技術をともに開発した二人の先輩は、すでに東芝を辞めていました。社内で冷たい視線を浴びながらも3人でがんばっていたことが報われた思いでした。

しかし、訴訟の全体としては、東芝は大敗を喫しました。特許訴訟には一つの技術だけでなく、数多くの項目があります。その項目ごとに勝敗を決定するため、私の項目では勝てたのですが、ほかの項目は全敗。負けた部分については賠償金を払わなければいけません。

裁判所は東芝に4億6500万ドル（当時の為替換算で約488億円）の支払いを命じ、2億8800万ドル（同約302億円）で和解しました。当時としては史上2番目か3番目ぐらいの賠償金だったと思います。大敗ではありますが、私の部分だけでも勝てたことで、賠償金の金額として数十億円以上の貢献はできました。

そもそも東芝は当時フラッシュメモリだけで数千億円もの売上げがあったので、300億円程度の支払いで、経営が傾くということはありません。私にとっても裁判に発展させない方法や、裁判とはどういうものかを学べたのは貴重な経験でした。

新製品が最も権威ある国際会議で賞をもらう

2006年、私たちのチームは16ギガビット容量をもつ55ナノメートルのフラッシュメモリ製品を世界で初めて商品化し、事業として成功させました。また、その開発によりISSCC（International Solid-State Circuits Conference／国際固体素子回路会議）という、半導体回路技術で最も権威のある国際会議で賞をいただきました。

私が責任者なので、論文などの筆頭にはなっていますが、もちろん私一人で開発したわけではなく、設計チーム約50人の力を結集したものです。

社内外で、納得のいかない事態に何度も遭遇し、妥協したこともありましたが、何とか商品化まで到達しました。一つの製品の開発から量産までを見届けた達成感を味わいつつも、私はこのような経験は一度でいいと感じていました。

先ほどもお話ししたように、半導体の開発はラットレースです。また同じような思いをしながら新プロジェクトを進め、数年周期でそれを繰り返していく。1回目よりは2回目、2回目よりは3回目の方が進め方は上達するでしょう。開発する製品もどんどん進化するでしょう。でも私はそこに何か物足りなさを感じていました。

私は、未知のものに出会ったり、経験したことのないピンチに陥ったときこそ、前進するエネルギーが出てくるタイプです。2回目、3回目は1回目より楽でしょうが、それだと、自分を成長させることが難しくなっていくのではないかと思い始めていました。

事業に失敗した人たちがなぜ上司になるのか

会社組織への違和感もありました。

2000年代の初頭、私が留学する前後のことです。悲しい事態が起きていました。東芝の主力事業だったDRAMは韓国の三星電子などに圧倒され、大赤字を出しました。持ちこたえられず、東芝はDRAMからの撤退を決めました。

DRAM事業の撤退により、フラッシュメモリがDRAM部門を吸収しました。そして、DRAMを担当していた年配の、肩書きが上の人たちがフラッシュメモリの部門に横滑りしてきたのです。

私たちのような、以前からフラッシュメモリを開発していたメンバーは、会社のなかではまだ若手でした。スキルや過去の実績などを考慮せずに、年功序列の人事制度をそのまま適用した結果、DRAMから移ってきた人たちが、フラッシュメモリの専門家よりも上の役職につくという人事になりました。

事業に失敗した人たちが、成功しつつある事業に吸収され、組織のなかで、成功の立役者の上に立つ、というのは欧米企業ではあり得ません。ところが、日本の年功序列の人事制度では当たり前のように、このようなことが起こります。青色発光ダイオードを発明した中村修二さんのケースと同じです。

DRAMから移ってきた人たちはフラッシュメモリのプロではないので、技術は分からない。開発に関しても冒険せずに、安全第一、他社と横並び、という判断になります。

フラッシュメモリの開発当初のように、私たちが最短距離を走ろうとすると、組織内で軋轢を生じてしまう。以前のように全力で走っていたら、周りとうまく仕事を進めることができない。そうした状況に嫌気がさした、フラッシュメモリ立ち上げの功労者である先輩や仲間たちが、一人、また一人と東芝を去り、外国の半導体メーカーなどに引き抜かれていきました。

戦友が次々と東芝を去っていく

東芝でフラッシュメモリを立ち上げたエンジニアたちが、今度は外国のライバル企業でフラッシュメモリ事業を立ち上げることになりました。悲劇だと思うのは、東芝を辞めてライバル企業に移った方々も、本当は東芝でエンジニア人生をまっとうしたかったのではないか、と感じるからです。

次々と仲間が辞めていき、私は最後に一人だけ東芝に取り残されました。東芝には留学させてもらった恩義があります。東芝を変えようとできるだけ踏ん張ってきたつもりです。ただ、葛藤を相談したり、悩みや価値観を共有できる仲間や先輩がいない。孤立無援というのはきつい状況でした。

１９９０年代の開発初期は、性格は少々エキセントリックでも卓越した技術を持った技術者が、10人規模の小さなチームで能力を発揮する個人戦でした。それが２０００年代になり、フラッシュメモリ事業が急成長すると、１０００人規模で開発にあたる組織戦に変わりました。入社時にはほぼゼロだったフラッシュメモリの市場規模は、２兆円にまで拡大していきました。

スタンフォードで学んだように、起業直後のベンチャー企業と、売上げが大きくなったときの企業では、おのずと経営手法が変わります。メンバーに必要とされる特性も変わります。フラッシュメモリ事業でも同じような変化が必要になったのだと思います。

ただ、どんな経営手法をとるにせよ、変化のスピードが速いハイテク業界で、年功序列の人事制度が持続可能でないのは明らかです。その後、東芝の人事制度が変わったかどうかは分かりません。でも、私がどんなにがんばっても、東芝の制度が大きく変わることはないように、その時点では思えました。

大規模な組織に順応して、管理職から経営幹部への階段を一段一段昇っていくというのも、一つのあり方です。ですが、私のなかでは、昔のように新しいことをゼロから立ち上げてみたい、刺激的な経験をしたいという思いの方が強くなっていました。

一晩で決めた東大への転身

そんなとき、偶然いただいたのが東大からの誘いでした。

東芝への入社時、私は修士号しか持っていませんでした。入社当時は大学に戻ることもまだ視野にあったので、博士号をとるためにフラッシュメモリに関する論文をたくさん書いていました。それがＭＢＡ留学、事業部と、どんどん違う方向に逸れていったのですが、当時の努力が実り、２００６年に博士号を取ることができました。この博士論文の審査がきっかけになり、東大で研究をしないかと誘っていただいたのです。

誘われて、このときも一晩で転身を決めました。

もともと私は、大学で基礎科学の研究者になることを目指していた人間です。一生に一度くらい、大学の教員を経験するのも悪くないかなと思いました。

なにより、東芝に比べればはるかに小さい組織ですが、大学で研究室を持つということは、一国一城の主、中小企業の経営者と同じです。中小企業の社長の方が、大企業の副社長よりも、よほど経営者としての才覚が求められると言われます。大学の研究室で、責任を持って全部自分の看板でやるという経験の方が、自分をより鍛えられると思ったのです。

起業に向く人、向かない人

東芝を辞めて、なぜ起業しなかったのかと、よく尋ねられます。

留学時代に温めていた事業プランで起業することも考えなかったわけではありません。

ただ、性格的に自分は起業家向きではありませんでした。

起業家は一つの事業にねらいを定めて人生を賭ける必要があります。幅広い事業など考えていては絶対にダメで、一点突破を目指し、人・物・金を集中させて、1分でも1秒でも早く収益を黒字にする。そういう短距離走に挑めないなら成功は望めません。

そのためには成功すること、儲けることへの貪欲さが必要なのですが、私にはその部分の欲がない。負けず嫌いで、フラッシュメモリの分野では世界の誰にも負けたくないという気持ちは強いのですが、1番になればよくて、そこで大きな報酬を得たいとは思わないのです。

むしろ、お金が欲しいと思うと判断が曲がるので、あまりお金はモチベーションにしない方がよいと思って生きてきました。自宅は賃貸で、新婚のときに買ったテーブルをいまだに使っています。いい家を買って、生活レベルを上げてしまうと、生活の維持、つまりお金を稼ぎ続けることが働く目的になってしまいそうで怖いのです。そもそも物欲もあまりありません。

また、家を買うと、そこへの居住が大前提になるのも私には合いません。所有している半導体の測定装置が置けるところだったら、どこにでも住める。常にそういう縛られない環境にいたいと思っています。

こういう性格では起業は決してうまくいかないということは、スタンフォード時代の同級生を見ていてよく分かりました。

もっとも、このような風来坊のような夫を持った妻には申し訳なく、家族の理解があることにはとても感謝しています。

「走りながら考える」生き方、働き方

フラッシュメモリ開発で、私には「走りながら考える」という生き方が身につきました。どんな仕事でも、クヨクヨ悩むより、まず走ってみることが大切だと思います。失敗したら、もう一度戻ってやり直せばいいのです。行動もせず「ああかな、こうかな、うーん」などと言っているうちに気がついたら船が沈んでいた、といったことが日本では多すぎます。

私がこのような度胸を身につけることができたのは、なんだかんだ言っても、東芝という会社が、柔軟な組織能力を備えていたおかげです。

半導体開発にしても、走りながら考えているわけですから、途中で、「これは間違いだ」と分かることもたくさんあります。しかし、大きな企業であれば、若造が少々失敗しても

びくともしません。

私たちの時代は、いまほど学生の就職状況が厳しくありませんでした。だから、就職活動もしないいまま、東芝のような大企業に入ってしまった自分は、恵まれていたのだと思います。また、いまのような変化の激しい時代に、大企業に所属することが、必ずしも幸せな仕事人生を保証しないことも、確かです。

それでももし、大きな企業で仕事をするという機会を得たのなら、保身に回らず、会社の看板を借りて、大舞台で思う存分、やりたいことをやってほしいと思うのです。

自由にできるのは支えてくれる人がいるからこそ

「走りながら考える」スタイルでいくには、いざ失敗したとき、自分を支えてくれる人が必要です。実際、私も東芝では、研究所時代の先輩、MBAの仲間、舛岡さん、小林さんや古山さんなど、多くの人に助けてもらいました。自分が突っ走って、途中で転んでも守ってくれる人がいる。だからこそ、自由に好きなことができました。

そのような人に恵まれるかどうかは、一つの運でもあります。ただ、運も、あるところまでは自分で引き寄せるものだと思います。

いざというとき誰かに助けてもらうためには、自分はいつも最大限の努力をしていなければなりません。熱意をもってコツコツとがんばっていれば、それを見ていてくれる人は必ずいます。そして他人の善意を信頼し、自分も他人の信頼を裏切らないこと。性善説で他人に接することで、人は、その良い面を向けてくれるのではないでしょうか。

私は、どんなに努力しても突破口が見つからないときには、周りの人に「助けてほしい」と、オープンにお願いしてきました。そんなときに、手を差し伸べてくれる人たちと出会えたことは、人生の何物にも代えがたい財産だと思います。

第4章 ふたたびゼロからの出発

パソコンもない！ 机もない！

２００７年7月、新学期でもない中途半端な時期に私は東大に戻ってきました。東芝入社から実に14年が経過していました。

東大に誘ってくださった先生からは「自由に好きなことをやっていい」と言われていたので、「なんとかなるだろう」と軽い気持ちでした。しかしそれは、大いなる脳天気だったのです。

とにかく、何もない。最初は千葉県柏市にあるキャンパスの研究室を用意されたのですが、ただ広い部屋があるだけで、パソコンもなければプリンタもケーブルもない。変な時期にきたので学生もいない。

お金がないという話は聞いていましたが、お金どころか本当に何もありませんでした。文字どおりゼロからのスタートだったのです。

いやしくも大学の研究室と言えば、研究に必要な最低限の備品くらいはそろっていると思うでしょう。でもそうではありません。大学はただ研究の場を与えてくれるだけです。お金を集め、必要な備品や機材をそろえ、研究室としての体裁を整える。それはすべて研究者個人の仕事なのです。東芝入社以降、大学とはほとんど縁がなかったため、その現実に呆然とするしかありませんでした。

「世の中二つよいことないな」とはいつも実感することです。独立した研究室を持ち、自由に好きな研究ができる。だったら、そのためのお金は自分で集めなければいけない。

私は准教授という立場で大学に移りました。准教授でも、教授である先生の研究室に入る場合があります。この場合、研究室では中間管理職のような立場なので、自由は少なく、ある程度は教授の意向をくんで研究をしなければいけない。半面、研究に必要なお金は教授が集めてくれます。

私の場合は、最初から誰の下にも入らなかったので、お金などのリソースを集めるのは自分の責任でした。いまから思うと、自由な立場にしてくれた大学には本当に感謝していますが、戻った当初は、「またしても大誤算」という思いに打ちのめされていました。

「企業出身者は悲惨だぞ」と脅されて……

ずっと大学に残って研究を続けている人は、何でも自分でやることに慣れています。それが、企業勤めが長くなると、サポートしてくれる人たちがいることに慣れてしまう。会社は組織で動いているので、事務的なことは間接部門がやってくれます。研究に関しても細かいことは部下にまかせられます。

私もそのような恵まれた環境に慣れきってしまっていたので、大学に来た当初はどうしていいのか分かりませんでした。ですが、自分が動かないことには何も始まりません。まずは、研究者として大学に残っていた学生時代の先生や先輩に、何から始めればいいかを聞いて回ることにしました。

すると「企業出身者はなかなかなじめないぞ」とか「悲惨だぞ」とか、「企業からくるとうつ病になる人も多い」などとネガティブな情報ばかり入ってきます。これはマズイことになったと、焦りは募る一方でした。

ただ、本当に困ると、助けてくれる人が現れます。学科の事務の方に、「どこかの研究室で不要になったプリンタとか電話はありませんか」などと相談すると、各研究室を回り、不要になったプリンタと電話機を集めてきてくれました。これは本当にありがたかった。学科の事務にとって、私の面倒をみるのは本来の業務ではないはずですが、とても親切にしてくださったのです。

大学では何をするにも大量の伝票処理が必要です。やり方が分からず困り果てている私を見かねて、あちこちの研究室の秘書さんたちが助けてくれました。いまでは自分で集めたお金で秘書を雇用して事務作業はまかせられるようになりましたが、大学に移ったころ、こうしてボランティアで手伝ってくださった方々には本当に感謝しています。

また、私より前に企業から大学に移ってきて、同じ悲惨な経験をした先生にもお世話になりました。同情して親身になってくださり、たまたまその先生が本郷キャンパスに異動する時期だったため、机やキャビネットを譲ってくれたのです。オフィス用の机の買い方さえ知らなかった私にとっては、これも本当にありがたいことでした。

その後、とりあえず大学側からスタート資金として100万円程度が支給されました。パソコンは買えましたが、半導体の装置は最低でも1000万円はするので、まったく足りません。

「パワポ作戦」と「人のふんどし作戦」に打って出る

学会にも出席しないわけにはいきませんが、旅費がありません。どうにか飛行機代だけは捻出してシリコンバレーを訪れ、旧知のベンチャーキャピタルなどに「お金がないんだけど何とかならないか？」と相談をもちかけました。

しかし、もはやこちらには東芝の看板がありません。東芝のエンジニアだったら、実際に製品を開発したり、供給する力があります。でも大学での研究をスタートしたばかりの私には、まだ実績がありません。

企業からは「日本ではトップの大学かもしれないが、大学の研究者なんて、実用化から離れた机上の空論を言ってるだけじゃないか」といった反応が大半でした。いくら東芝での実績があっても、そこを離れただけで、人の見方は随分変わるのだなと実感しました。

そこで、私は「パワーポイント（パワポ）作戦」に打って出ることにしました。いまのところ研究資金がないので、実際のモノを見せることはできません。そこで、自分はこういうソフト（技術）を持っているので、協力して一緒に新しい研究をやりませんかとアピールするのです。

同時に、何のリソースもない自分は、人材や研究機材の整った研究者や企業のふんどしを借りて相撲を取ろうと考えました。名づけて「人のふんどし作戦」です。

私は新しい研究に関する提案の資料を用意し、めぼしい研究者にアポイントを取りまくり、研究プランのプレゼンをして回りました。

訪ねる研究者ごとに興味をもってもらえそうな提案を練り上げていったのですが、そう簡単には信用してもらえません。「おもしろいアイディアだけど、いまは忙しいから」といった反応ばかりでした。

大学の教員の資金源である国家プロジェクトの研究資金は、期間が3年程度のものが多く、どの先生も、なかなか長期的な研究計画を立てられないのが現状です。著名な先生でも、常に資金集めに奔走しています。「おもしろそう」という理由だけで、駆け出しの教員と共同研究を行うのは難しいのがいまとなってはよく分かります。それでも私は必死でした。

「東芝あっての竹内」とは言わせない

当時とにかくこだわったのは、「東芝あっての竹内。裸一貫になったらどうせダメだ」とは絶対に言わせないという信念です。「東芝での成果は組織としての技術力が高かっただけ。個人じゃ何もできないだろう」という見方をする人は少なからずいました。

私自身も、企業側の立場だったら、きっと同じような見方をしたはずです。有名企業の第一線にいた人が、起業するなり大学に移るなりしたら、本当にその人に実力があるのかどうか、手を差し伸べる前にまずは注視するでしょう。

私は、かつて同じ土俵で勝負したライバルたちのそういう視線をひしひしと感じていました。第一線に立てなくなって、業界から「あいつは消えてしまったね」と言われ、やがて忘れ去られるのだけは何としても避けたかった。

東芝を辞めたとき、フラッシュメモリは花形の事業で、会社の稼ぎ頭でした。海外出張に行くにも、飛行機はビジネスクラスにアップグレード。私もそういう贅沢な出張をしてきました。

航空会社のマイレージもおもしろいほどたまり、ステージは最上位のダイヤモンド会員。出発前にはファーストラウンジという大変恵まれた環境にいました。

ところが、大学に来たらもちろんエコノミークラス。東芝時代の仲間と同じ飛行機になり、あいかわらずビジネスクラスに乗る彼らから冷やかされたこともあります。座席のクラスなどどうでもいいことです。でも、資金面で困り果てていた私は、そんな些細なことにも、「これからの人生はどうなるのだろう」と不安を駆り立てられました。

しかし同時に、企業の連中には絶対に負けない、金はないが知恵で勝つ、世界の研究の第一線からは脱落しないという決意も、一層強いものになりました。

最初の1年で世界最大の学会に論文を通すと決意

「そら見たことか」と言われないためには、最初の1年が勝負です。私の存在を忘れさせないためには、とにかく早く成果を出すことが重要でした。まずは1年前後でＩＳＳＣＣに論文を通すと決意しました。

ＩＳＳＣＣとは、国際固体素子回路会議の略称で、半導体に関する世界最大の国際学会です。米国電気電子学会の主催で年1回開催され、半導体の最新の技術に関する発表が行われます。「半導体のオリンピック」とも呼ばれ、世界一の研究成果が発表される、重要な学会です。

最初の1年で成果を出して周囲の信用を得られれば、次のチャンスをもらえるはずです。手助けしてくれる人材も集まってくるでしょう。それにはやはり画期的な新回路を開発し、ＩＳＳＣＣという世界ナンバーワンの舞台で論文を通して、竹内は健在であることを示す必要がありました。

私は着任後すぐに様々な回路のアイディアを考えながら、パワポ作戦を実行して回りました。連続して玉砕するなか、ようやく救いの主が現れました。東芝の大先輩であり、現在は東京大学の生産技術研究所でＬＳＩ（大規模集積回路）を研究している桜井貴康先生です。

桜井先生は3次元に集積したLSIに関する研究の第一人者です。私はその研究に、フラッシュメモリに向けたアイディアを盛り込むと、フラッシュメモリならではの利点が得られることに気づきました。

私のアイディアに興味を抱いた桜井先生と、桜井先生と連携して研究を行っている高宮真先生が、研究に必要なインフラと、実際に研究を行う学生さんをつけてくれました。それ以後は、駒場キャンパスの桜井・高宮研にはりついて、回路の設計図の製作を進めました。同時に、開発する回路を製造するために、東芝との交渉を行いました。

7月に辞職した人間がたった2カ月後にのこのこ現れ、新回路のプレゼンをして、試作品の製造を依頼する。図々しいかもしれませんが、勝算はありました。その回路には東芝ではかつて開発したことがない新しいアイディアが盛り込まれていたからです。東芝から見れば、自社に将来利益をもたらすかもしれない技術を、東大が開発してくれるということになります。幸いなことに私の提案は採用され、東芝の工場で試作品を製造してもらいました。

「地に足をつけてから」では遅すぎる

試作品の完成まで1年。2009年2月のISSCCでフラッシュメモリの電力を大きく低下させる回路を発表し、大学で最初の大きな成果となりました。

桜井先生・高宮先生が研究していた技術をフラッシュメモリという新しい応用に向けて発展させ、東芝のフラッシュメモリ技術を使って製造するという、大学と企業の両方を知ったからこそ生まれた技術でした。

新しいことに挑戦するとき、最初の1年は非常に重要です。地に足をつけてからやろう、大学だから学生の教育から始めようなどと悠長に考えていたら、いつまでたっても前に進めません。特に半導体技術の進歩は非常に速く、1年たてば世界はガラッと変わってしまいます。

学部の4年生から教育して、ISSCCといった学会で成果を出せるようになるには、少なくとも3年は必要でしょう。3年間、世界の最前線から離れていたら、技術の最先端から取り残され、浦島太郎の状態になってしまいます。それでは指導される学生にとってもプラスになりません。

ちょうどその時期、研究室が柏から本郷に移りました。桜井・高宮研のある駒場キャンパスに通いつめ、合間を縫って東芝などの企業回りに奔走していたので、柏の研究室はほとんどいつも空っぽでした。

研究費獲得のための公募連敗から学んだこと

大学にきた当初、本当は基礎研究に戻ることも考えていました。そこで研究室の立ち上げに苦労した人に話を聞いたところ、自分らしさを前面に出した方がいい、いかにも大学らしい基礎研究をする必要はないというアドバイスをもらいました。確かに、大学には基礎研究の蓄積はたくさんあり、いまさら私が基礎研究を始めたところで、日本と世界に大した貢献はできないでしょう。

回路設計をし、研究者・企業へのプレゼンを行う一方で、国が募集するプロジェクトへの申請書も書き続けました。大学における半導体の研究開発に必要な大きな資金を得るには、国から予算をつけてもらうのが基本です。

国のプロジェクトはまず公募をかけ、それに大学の研究者や企業が応募します。私が申請するのは主に経済産業省と文部科学省ですが、採択そのものが狭き門です。実績のない研究室が単独で大きな予算をつけてもらうのはまず不可能です。

大学に移った当初は、応募してもまったく採択されませんでした。連敗して学んだのは、世の中は合理的であること。国の財政が厳しい時代です。なぜ研究資金の投資先が竹内でなければならないか、研究成果が本当に世の中の役に立つのか、厳しく問われるのは当然です。ましてや私が始めたのが大学の多くの研究者が行っている基礎研究だったら、国がそこに資金を投じるメリットはありません。

やはり自分の強みを見直し、差別化が図れるところをねらっていくしかありません。まずアイディアが必要なのは当然として、実際に開発を進めるには人・物・金が要ります。私にはそれがないので、その解決策として浮かんだのがMBAや東芝のマーケティングで学んだ「マッチング」という戦略です。

研究を一人でやるのではなく、誰かと誰かを共同させて、自分もその輪に入る。幸いフラッシュメモリは業界としても成長分野です。桜井先生のように、フラッシュメモリに興味を持ってくれる人は数多くいました。大学で行われている新素材や物性の基礎研究のなかには、うまくすればフラッシュメモリにつなげられる成果がたくさんありました。

企業と大学のマッチングこそ自分の強み

日本の大学は、教員・研究室の単位で独立して運営されています。それぞれの研究室に素晴らしい要素技術があっても、それぞれの強みを活かして共同で研究を行うことは、あまり一般的ではありません。また、東芝など企業の側も、そういう大学の世界をほとんど知りません。

だったら自分が間に立って、大学に蓄積された多くの研究成果を企業の技術と統合し、新しいアプリケーションを開拓すれば差別化を図れるし、人の役に立てると考えたのです。

これは、異分野の境界領域を攻めるという戦略でもあります。「タコつぼ」と言われるように、材料や回路といったそれぞれの専門分野を深く掘り下げる専門家は多くいます。反面、分野と分野の間の境界線上にはぽっかりと穴が開いています。それぞれの技術を統合するとき、たとえば、新しい材料を活かすための回路やシステムを開発するときには、単に技術を寄せ集めただけではダメで、新しいアイディアが必要になります。そして、ここには競争者が比較的少ない。

研究費をつける国の施策としても、たんに新たなモノ作りをしているだけではダメという流れがありました。国債など公債の残高が600兆円を上回り、景気が回復しない状況です。具体的なビジネスにしてくれる出口企業のある研究を求めており、研究のための研究で終わってしまう提案に対しては資金を提供してくれません。大学といえども、社会に直接役に立つ研究をしなさい、ということです。

その後、政権が自民党から民主党に変わり、事業仕分けが行われるようになったことで、研究資金はさらに出口を明確に示す必要が出てきました。

応用製品にねらいを定めた研究を重視するという国の方針は、私の研究スタイルにピッタリ重なるものでした。この時期に大学に移ったのは、幸運だったと思います。

研究室の立ち上げはベンチャー企業創業と同じ

いわゆる理系の研究では、大学から支給される研究費だけでは、とても研究室を運営できません。自分なりに人・物・金を得る仕組みを考えないと、いつまでたっても必要な人材や資金は集まりません。

自分は起業には向かないと思って、大学で研究する道を選んだのですが、企業に比べてはるかに小さな規模で、トップが自ら資金集めに奔走するという点では、大学の研究室はベンチャー企業とまったく同じでした。私自身、ここまでとは思っていなかったように、いま大学の現場がこうなっていることは、あまり一般の人には知られていないようです。ベンチャー企業の経営者のなかには、創業当初の資金繰りが厳しいとき、コンサルティング業をやる人が少なくありません。その気持ちは、研究室を立ち上げてみて、とてもよく分かりました。自分には知恵しかないので、とにかく知恵を活かして必要なリソースを調達するしかない。

ただ、コンサルティングは時間貸しの仕事なので、始めると時間的にかなり縛られます。そうでなくても、学会に出る、企業を回ってプレゼンする、教員ですから授業もある。加えて、伝票整理などの事務仕事に学内の会議にと、とても一人の人間では不可能な内容を綱渡りでこなしている状態でした。

私は知りあいの起業家を訪ね、効率的に研究室を立ち上げる方法はないものかと相談しました。すると返ってきた答えは「そうなんです。最初は全部同時にやらないといけないんです。そこだけはがんばってください」。結局、コンサルティング業には手をつけなかったものの、ともかく1年目は何もかも自分でやるしかないと腹を括りました。

やっと最初の研究資金を獲得する

2年目の春、前年に申請しておいたプロジェクトの一つが国から認められ、研究室運営に必要な最初の資金が手に入りました。と言っても、高額な装置を買える金額ではありません。少ない予算を何に使うかを熟慮した結果、まずは秘書を雇うことにしました。人件費は研究設備のように、後に残るものではありません。大学の研究者が秘書を雇うのは、研究の土台が整った最後の段階のことが多いようです。

でも、このまま事務的なことまで私がやっていると、研究が進まない。モノを買うよりも、いい人を見つけて、自分が研究に割く時間を増やすことが何よりも大事だと思いました。幸いにもいいスタッフが見つかって伝票整理などの事務仕事から解放され、研究に没頭できる環境が整いました。

積み上げ式で考えていたら何もできない

ベンチャー企業を立ち上げるとき、まずビジネスプランの実行に必要なリソースを集め、小規模な事業からスタートする。うまくいったら、少しずつ規模や人材を上積みして業容を拡大し、より大きなビジネスにつなげる。そんなパターンで発想しがちです。

しかし、そのような積み上げ式で考えていると、猛烈なスピードで進歩する技術競争には勝てません。リソースが整うのを待っていたら、せっかくのアイディアやビジネスプランが古びて商機を逃してしまいます。

成功しているベンチャー企業を見ると、現状でやれることよりもずっと高い目標を設定し、その達成に向けた戦略なりプレゼンなりを打ち上げています。それがうまくいってベンチャーキャピタルなどから資金を集められることになったら、同時にプランの実現に向けた方策を練ったり、専門家に聞いて回るなどの行動に出ます。つまり、プランができてからお金を集める、すなわち「考えてから走り始める」のではなく、「走りながら考える」のです。

そうやって鍵になる技術・製品の具体像が見えてきたら、技術者や専門家を調達して、その人材や技術に資金を投入することで一気に実現してしまうのです。

竹内研の立ち上げも、まさにその方式でした。学生の教育面ではまずは下地作りからという堅実さが大切ですが、新規の研究プロジェクトで勝負するときに安心・安全を優先していたら、「人・物・金」がない大学やベンチャー企業は、いつまでたっても大企業との競争には勝てません。

大きな花火を打ち上げればアドレナリンが出てくる

2011年には、SSDの信頼性を95パーセント向上させ、書き込み電力を40パーセント削減する技術を開発し、ISSCCで発表しました。国家プロジェクトとして予算をつけてもらった研究です。この分野は私にとって新しい分野で、プロジェクトに応募した段階では、未知の分野へのチャレンジでした。

SSDは社会で使われている多様な電子機器に採用されるようになり、信頼性の向上が大きな課題となっています。自動車などに使用されているLSIが万一故障したら、命に関わる問題だからです。でも、企業でできそうな当たり前の提案だったら、採択は期待できません。

企業がやっていない、リスクの高い新しい分野の研究でなければ、国が投資する意味がないからです。ですから、申請では、信頼性が2桁以上、すなわち100倍以上は上がるような技術を開発する、といった大きな花火を打ち上げることが、ときとして必要になります。

ですからこのプロジェクトが国に採択されたときには、うれしい反面、「さてどうしよう」という不安もありました。

しかし採択された以上、実現しないわけにはいきません。国からの資金とは、すなわち国民のみなさんの税金です。非常に重い責任を背負っています。「竹内に投資してよかった」と、後で思ってもらえるように、提案時に約束した以上の成果を何が何でも出さなくてはなりません。私はそういうプレッシャーがあった方が、絶対に成功させるというアドレナリンが湧いてきます。

大学発の研究は、つきぬけた技術でなければ注目されない

ＩＳＳＣＣでも、大学発の研究は厳しい審査にさらされます。ＩＳＳＣＣで大学発の研究論文を通すのはきわめて困難です。最初から諦めてしまうのか、毎年、日本の大学からは数件しか発表がありません。

ＩＳＳＣＣではきちんと試作品が動いて初めて評価対象となり、アイディアだけでは却下されてしまいます。そのためどうしても中心になるのは企業で、インテルやＩＢＭ、東芝といった大企業が数千億円もかけて開発したチップが大々的に取り上げられたりします。東芝時代ならば、10段階評価のうち、技術の優位性5、ユニーク性5くらいで通りました。しかし、大学発の場合、企業によるビジネス化のバックアップや完成度がない分、技術の

優位性、ユニーク性がオール10レベルの、かなり画期的な技術でない限り、注目してもらえません。その点でも、やはり大学にとっては壁が厚いのです。

私が発表したSSDの新技術では、部品の一部を協賛元のベンチャー企業から調達し、そこに搭載するフラッシュメモリを東芝から提供してもらいました。私たちはそのマッチングに対して、SSDをうまく動かすためのアルゴリズムのような技術を新たなアイディアとして考案したのです。

またもや人のふんどしで相撲をとったという話ですが、何もかも自分で作る必要はなく、使えるリソースはすべて使うというのが、技術開発の世界では必須の考え方です。

MBAで学んだことがそのまま役に立つ

最近成果を挙げたプロジェクトに、「CREST」という国家プロジェクトに採択された、無線通信のSSDに関する技術の開発があります。これは慶應義塾大学の黒田忠広先生・石黒仁揮先生と共同で企画したものです。

ちなみに、黒田先生も石黒先生も東芝の出身者です。桜井先生も含めて、大学に移ったばかりの何もない私と付きあってくださった方の多くは、結果として東芝出身者でした。

どなたとも、東芝在職時に一緒に仕事をしたことはなかったのですが、同窓生というか東芝のDNAというか、共通して持っている部分はあるようで、大学で実績のない私とも付きあってくださいました。

何か一緒にやろうと相談し、黒田先生は無線通信の専門家なので、無線通信のメモリの提案を考えつきました。通常、新たなプロジェクトは「無線通信のメモリ開発」という事業計画や研究目標ありきでスタートします。ですが、このときの私たちはまったく逆でした。大学に来たてで、まず研究設備を買うための予算を取りたい。そのためには3人で何ができるかを考え、資金の獲得のターゲットとして、無線通信のメモリ開発という結論に至ったのです。

黒田先生は無線通信速度の世界レコードを繰り返し更新してきました。国へのプレゼンでは、その資料なども用意して、自分たちの優位性を強く訴えました。

プレゼンのときには、私たちの経歴、画期的な成果、新技術開発の計画、進化要素の数字化など、ありとあらゆる要素をつめこんで、相手からの信用を勝ち取るための工夫をします。技術開発の中身さえよければ発表の体裁なんてどうでもいいという考えでは、資金の獲得競争に勝てません。その意味で、私はパワポ作戦に、論文執筆と同じぐらいの重きをおいています。

こういった研究提案に関するプレゼンは、構成からやり方まで、MBAで学んだビジネスプランの作り方とほぼ同じです。

大学に移ってからはよく、せっかくMBAを取ったのに役に立たないのではないかと聞かれます。でも実は、MBAで学ぶマネジメントの方法こそ、大学で生き抜くために必要不可欠なスキルです。大学で活躍されている先生方の大半は、最先端の研究をしながら、実務のなかでマネジメントを学んで実践しているので、すごいなと感心してしまいます。

投資は結局、「人」で決まる

現在、竹内研は国の予算で七つのプロジェクトを進めています。

半導体研究はお金がかかり、一つのプロジェクト資金では少なすぎます。なによりなかなか採択されないので、最初はどうしても手探りで数多く申請することになります。

大型プロジェクトが一つ採択されれば、当面の研究室運営が可能なので、とりあえず一つはほしいという思いでした。

最初の年に一つのプロジェクトが採択された後、２００８年は3件大きなプロジェクトを申請したのですが全滅。そこで翌年には三つのプロジェクトを申請したらすべて採択されました。これで装置が買えると喜んでいたら、今度は事業仕分けで予算が大幅に縮減されてしまいました。蓮舫さんなどが「一人の研究者にいくつもの予算を配分するのはけしからん」と食いついたのですが、私がまさにその対象だったのです。

そこで昨年も3プロジェクトを申請したところ、すべて採択され、合計7プロジェクトになったという状態です。おかげでかなりの資金が集まり、必要な半導体の装置もようやくそろえることができました。

国のプロジェクトは、一度採択され始めるとわりあい続けざまにうまくいきます。成果を挙げて一度信頼されれば、また仕事をまかせてもらえるわけです。そのあたりは通常のビジネスと何ら変わりません。

出資者が国であれベンチャーキャピタルであれ、担当者と付きあってなるほどと思うのは、結局、人を見て投資するのだということです。もちろん、技術そのもの、過去の実績や研究プランなども踏まえますが、決め手になっているのは、人として信用できるかどうかにあるようです。

と言っても、一度面接をしただけで、人間性などは分かりません。やはり、長い時間をかけて築く「信用」こそが、最大の武器なのだと思います。それには、有言実行で、相手の期待以上の成果を挙げることを続けていくしかありません。

ブログもプレスリリースも、できることはみんなやる

地道に信用を築くことに加えて重要なのが、メディア戦略です。

私はふだんから、専門誌や新聞社の記者とできるだけ情報交換をするようにしています。最先端の技術は専門の記者といえども理解することが難しいため、学会などで、「この技術は本当のところモノになるんですか」などと、私が開発した技術以外についても、よく意見を求められます。自分が直接タッチしていないことについてはコメントしない主義の技術者もいますが、そのようなときは、自分の分かる範囲内で、できるだけ答えるようにしています。

日頃からそのような関係を築いていれば、私たちが新しい技術を開発したときに、記者の人たちも関心をもって正しく評価し、メディアで紹介してくれます。

竹内研では、研究室のウェブサイトにも力を入れています。最近は東大の研究室でも、自前のサイトを持つ先生方が増えたので、私の場合は、そこでさらに差別化を図るために、

ブログやツイッターも始めました。いまはなかなか時間がとれず、情報告知しかできていないときもあるのですが、研究室の立ち上げ当初は、自分たちの活動や、研究に対する自分の考えなどを率直に書いて、ほぼ毎日、更新していました。リソースが乏しいなか、お金のかからないブログなどは、とても大事なアピール手段でした。最近では、何らかの成果が出るごとに、プレスリリースも行うようにしています。

これらは、自分たちの研究の宣伝活動であると同時に、私たちの場合、税金を使ったプロジェクトなので、一般の方々に対して説明責任を果たすことでもあります。

これからは、研究者や技術者が、企業や大学の広報などにまかせるのでなく、自ら外の世界とコミュニケーションをとっていくことがますます重要になってくると思います。

企業ができることをやっていても意味がない

現在の竹内研をベンチャー企業として考えれば、なるべく早く成果を挙げて出資者に還元し、上場を目指そうという段階でしょうか。

ベンチャー企業の場合、会社の設立時と1年後では、まったく違う技術に取り組んでいたりします。人材を雇用し、業容を拡大し、出資者の信頼に応えるには常に新たなチャレンジをしないといけないからです。また、技術は猛烈な速度で進歩するので、市場や他社動向などを踏まえて、常に計画の見直しを迫られている状態です。

これに対して私たちは、大学という公共性の高い機関で、国のお金を使って研究しているので、当然ながら、利益や成果の意味が私企業のそれとは違ってきます。ベンチャー企業であれば、一つの失敗が命取りにつながりかねません。負債を抱えて破産したら、自分だけでなく、社員とその家族も路頭に迷うというリスクがあります。

私たちは正直に言って、そこまでのリスクは負っていません。

逆にそういうプレッシャーがないからこそ、企業が取り組むにはリスキーで、できるかどうか分からないことに挑まないと、大学の存在意義がありません。企業ができることをやっても意味がないし、やるべきでないのです。

挑もうとしていることに意味はあるのか。リスクをとっているのか。自己満足になっていないか。成果を社会に還元できるのか。頭のなかはいつも「明日はどうなるか分からない」という思いでいっぱいです。東芝時代よりもずっと高い緊張感のもとで働いています。

最近では、エルピーダメモリ、シャープとも共同プロジェクトを行っています。このプロジェクトの申請のプレゼンで強調したのは、現在は東大、エルピーダ、シャープの3チームだが、将来的には、日立、パナソニック、東芝など日本の多数の企業と連携の可能性があり、日本の電機産業界の活性化や日本の地位向上につながる、つまりは大きな国益になるという点でした。

幸い私は長く東芝にいたおかげで、企業がやりたくてもできない部分が実感としてよく分かります。企業の弱点や、企業が大学に何を期待しているのかも分かります。その橋渡しになることが、ベンチャー企業的な集団である竹内研にとって、大きな強みであり、使命だと思っています。

工学部に進学しながらモノ作りへの情熱がない学生たち

研究資金の問題をとりあえずクリアしたいま、竹内研の最重要課題の一つは人材の育成です。教育は大学の本来の機能ですし、同時進行で七つものプロジェクトを進めているので、人の確保は常に切羽詰った問題です。

工学部の電気工学に進学してくる学生だったら、モノ作りに関心があり、技術開発に没頭する人たちだろうというイメージがあるかもしれませんが、そのような学生は減ってきています。

これは残念な風潮ですが、学生本人に問題があるわけではないと思います。背景にあるのは、日本のモノ作りに対する信用や将来への希望が持ちにくいという、社会の側の要因でしょう。韓国の三星電子や中国・台湾の企業に負けている日本の産業界を見れば、学生に、「わき目も振らずに技術に没頭しろ」と言っても、説得力はありません。

私自身は、研究とは本来、自分一人で地べたをはいながらがんばるものだと、大学でも企業でも教わりました。孤独のなかでやり抜き、そこでほんの少しでも成果が得られれば大きな自信につながります。昔の大学では、教えないことこそ教育的だという風潮もありました。私自身、そういう職人的な世界で生きてきましたし、その重要性も理解しています。

しかし、そのような根性論や徒弟制のような硬さだけをもちこんでも、現代の若者やそれによって動く組織を成長させることはできないと、日々痛感しています。

竹内研が学部長賞、総長賞を連発する理由

それでも、私の教育方針として、学生を何から何までサポートするようなことはしません。「君たちは学費を払っているから教育を受ける権利はあるけど義務はないよ」とはっ

きり言います。まずは、学生が自ら努力しろとある程度は突き放しています。そういう厳しさが欠如してしまったら、学生は成長できないと考えているからです。

もっとも、学生は上からガツンとやると萎縮してしまいます。だからといって昔のようにほったらかしにして、学生が自主的に動くことを待つというわけにもいきません。

学生のやる気をうながすために、私はある程度シナリオを用意して、少しずつ成功を味わってもらうよう心がけています。たとえば、最初は、比較的論文が通りやすい学会や国際会議などに投稿させます。それがうまく通ると、研究への熱意や自信につながります。

私の研究室はまだ4年目ですが、総長賞や工学部長賞などいろいろな賞をもらう学生が数多く出ています。もちろん、学生ががんばってくれているおかげなのですが、実績のない竹内研の存在を広く認知してもらうためにも、できるだけ早く目に見える成果を出すことが必要だと考えて、きちんと努力している学生には、できる限りのサポートをしてきました。

学生のスキル志向に応える指導を心がける

教育者として学生を育て、マネージャーとして組織のメンバーのパフォーマンスを上げていくには、その人にとって何がモチベーションとなるのかを探るしかないのでしょう。学生だったら、学位をとる、奨学金をもらう、論文発表をする、好きな研究をする、といったことがモチベーションになりえます。

学生はとても真面目で、私の学生時代よりもはるかによく大学に来ます。私たちの世代は、いまやっている研究が自分にとって何の役に立つのかという意識はあまり強くありませんでした。これに対して、現在の学生は以前に比べれば、自分にとってどんなメリットがあるのかといった、短期的な成果を重視しがちです。

学生のうちにできるだけ役に立つスキルを身につけたいと考えることは、現在のような先の見えない時代には、必要な自己防衛手段だと思います。

ですから、「ここで、こういう研究発表をしておくと、英語でプレゼンができるようになる」「何かを文書としてまとめる能力が身につく」などと、学生のモチベーションに直結するようなサジェスチョンを心がけています。それによって、研究でも論文でも、ぐんと伸びる学生もいます。

私たちの世代は「いい論文を書けば海外の国際会議で発表できる」などと聞かされると、「外国に行けるんだ」と張り切ってしまうところがまだありました。しかし現在の学生は海外などいくらでも行ったことがある世代ですし、帰国子女もいます。自分たちの固定観念を捨てて、何がその学生にとって魅力的なのかを考えないと、なかなか学生のやる気を引き出すことはできません。

「竹内研に入って初めて怒られました」

駒場での2年間の教養課程を終えて研究室に入ってくる学生に対して、私が最初に指導をするのは、「おはようございます」「失礼します」などのあいさつをきちんとすること、メールを送るときは「○○様」と宛名を記すこと、ミーティングには遅刻しないこと、納期や締切は守ること、万が一遅れたらまず謝罪すること、といった研究以前の、社会の決まりごとです。

メールの件など最初は信じられなかったのですが、携帯電話でのメールに慣れ親しんだ若者は、宛先も自分の名前もメールに書かないのが普通なのです。

企業の方と一緒に仕事をすると、学生同士のような非礼なふるまいは許されません。企業の方から学生への苦情をもらうと、私は「しめた」と思って叱ります。「これが社会のルールだ」と私が注意するよりも、実際に企業の方が言うことを、そのまま学生に伝える方が説得力があるのです。こうして、外部の人と組んで研究をすると、学生の成長度が格段に上がっていきます。

また、企業との共同プロジェクトであれば、日々の研究のなかで、企業からのリアルな要求を突き付けられ、研究が成功すれば企業がそれを実用化してくれます。学生のころから企業と付きあうことで、リアルな世の中を感じ、研究の意義を見出す。「自分のやっていることは何かに役立つのか？」という疑問への答えが得られます。企業の方と深く付きあうことで、企業の良い面だけでなく、悪い面も見えてくる。企業との連携にはこうした多くの利点があります。

学生は卒業後は半導体に限らず、様々な業種に就職していきます。技術の変化が速く、グローバルな競争が当たり前の現在では、どのような業種に就職しても熾烈な競争が待っています。私はそれぞれの学生のストレス耐性を見ながら叱ります。大学は、就職後に生き馬の目を抜くような世界で戦うための助走期間だと思っているからです。

最近は、あまり怒られたこともない学生が多く、「竹内研に入って初めて怒られました」という学生すらいます。

私はつい「このままでは学位が取れないかもしれないよ」などと厳しいことを言ってし

まうのですが、どうやらそれはアカデミックハラスメントの典型的なNGフレーズのようです。でも、アカハラを気にして、言うべきことを言えないのはおかしいと思うので、私は叱るべきときには叱ります。

学生が研究室に来ない日は、それをメールなり電話なりで連絡するというルールも作っています。理由は旅行でもアルバイトでも何でもかまいませんが、とにかく来ないことをきちんと連絡する。自分がチームの一員であることを、常に認識してもらうためです。

最近は週報も課すようになりました。週に1回、何かをまとめる生活習慣を持ってもらうためです。

週報にも書き方があり、1カ月のロングターム、1週間のショートタームなどに分けて目標を設定し、今週はどの程度の進行があったか、それを踏まえて来週はどうするか、といった内容を記してもらいます。

実戦で勝つにはプレゼン手法よりまず基礎技術を

先ほど、プレゼンにはとても重きをおいているとお話ししました。しかしこれは、「プレゼンすべき中身がある」「自力で論文が書ける」ことが大前提です。

最近の学生は、学会などでもとても上手にプレゼンをします。しかし、中身の技術自体をよく理解していないため、技術内容を質問されると答えに窮してボロボロになってしまう、ということがよくあります。

私自身は、予算獲得のために必要であれば、やむをえず、はったりをかますこともあります。ですが、研究室でとにかく学生に言い続けているのは、「基礎をしっかり固めろ」ということです。応用的なプレゼンのテクニックを身につける前に、まずは懸垂や腕立て伏せにあたる技術の習得を行い、基礎的な体力をつけること。これがなければ実戦で戦えません。

学生は頭は決して悪くないのですが、基礎を地道に習得するのがどちらかというと苦手です。小学校時代から、基礎的な訓練を積み重ねる機会がないからなのでしょうか。

また、工学部の学生であってもマネジメントへの関心が高く、『東洋経済』『日経ビジネス』などのビジネス誌に目を通したり、ビジネス書なども当たり前のように読んでいる人もいます。自分の学生時代からすると隔世の感があります。

しかし、マネジメントする対象の技術を理解していないのに、実際の社会のなかでマネジメントができるはずはありません。

いまの東大では理系の大学院を出て、新卒で経営コンサルティング会社に就職する学生が増えています。実務を知らない人間が、経営コンサルティングをするというのは、実際は難しいのではないでしょうか。そもそも、米国のビジネススクールでは、MBAコースへの入学条件として、実務の経験を要求しています。

スタンフォードで一緒にMBAを取った仲間たちのなかには、卒業後に経営コンサルタントとして働いている人が多くいます。そのほとんどは、過去にメーカーの事業部に在籍するとか、金融機関で働くといった基盤となるキャリアがあります。そのうえにさらに高度な知識を習得して、経営コンサルタントへの道に進んでいるのです。

せっかく理系の大学院に行って、技術に関する実務を経験したのに、すぐに経営コンサルティング会社に行ってしまうのは、大変もったいないと思います。将来は経営コンサルティング会社に就職するにせよ、たとえば5年間は企業で事業の実務を経験し、業界について身をもって経験してから経営コンサルタントになるのでも、本人のキャリアにとっては遠回りではないと思います。

教育と研究開発のジレンマ

これまでお話ししてきたように、現在、多くの大学の研究者が、企業と共同して研究プロジェクトを進めています。これは、予算をつけてもらうためには、開発した技術を実用化してくれる出口が必要だからということに加えて、自前では足りない人材を補ってもらうためでもあります。

竹内研でも、技術の核になる部分は自分たちでやりますが、半導体の分野は、アイディアだけでなく、完成度も重要です。アイディアがよくても、実装の完成度が低ければ、望ましい性能を出すことができません。試作品を設計するだけでなく、製造や測定を行うための特殊なプログラムの作成など、高度なノウハウが必要とされる作業が多々あります。

学生がこうしたスキルを習うとしても、たとえば修士の学生だったら、2年で研究を行い、学会で発表、論文を執筆するという、厳しい時間の制約があります。企業にはその道の専門家がそろっているので、特殊なノウハウに関しては、企業に助けてもらう方が圧倒的に効率がいいのです。

教育のことだけ考えるなら、研究に関する作業のすべてを研究室の学生だけで実施できるのが一番いいのかもしれません。しかし学生の在籍期間には限りがあり、その間に成果を出して学位を取らなければならないという事情があります。

教育と研究開発のバランスをどうとるかは、私のような応用研究の研究者にとっては、共通して頭の痛い問題です。

優秀な技術者がどんどん日本から去っていく

現状では、重要なプロジェクトに必要な人材は、研究員という形で募集しています。この研究員の確保にも難しい問題があります。

大学という組織上、永続的な雇用はできず、プロジェクトが動いている数年間だけ働いてもらうという不安定なポジションしか用意できません。

すると、どうしても頼りになるのは女性や、外国人、年配のリタイア組になります。そういった方々のなかには、企業の常勤の職を得ていないというだけで、能力的には大変優秀な人が多くいます。ただ、家庭の事情や母国の事情などにより、どうしても働き方が不安定になりがちで、彼ら自身のキャリアも蓄積していかないという問題があります。

また日本の傾向として、能力の高い人は大企業のなかに閉じこもっていて、あまり外に出てきません。企業に在籍したまま私の研究室で共同研究を行う方法も試行錯誤しているのですが、なかなか難しいのが現状です。

大学に来れば学位取得にもつながり、本人にとってのキャリアアップになります。企業でメインの収入を確保してもらいながら、大学でも力を発揮してもらう。企業にはない技術のノウハウを大学で取得し、会社に持ち帰って活かしてもらうことで企業にもメリットになります。

また、人材確保のために奔走していて最も強く感じるのは、優秀な人材がいないことではなく、優秀な人材が日本から出て行ってしまうことへの危惧です。最近は日本のメーカーも簡単にリストラをしたり、早期退職者を募るようになりました。国内にその受け皿がないため、そこから飛び出した優秀な技術者の多くは、韓国や台湾などに渡ってしまいます。切る側にとっては合理的な人員整理なのでしょうが、国全体から見たら貴重な人材の流出です。

国と企業が協力しあい、フレキシブルな人材活用の仕組みを作ることが、日本のモノ作り全体の足元を確保するための急務だと感じています。

第5章 なぜ世界一でなくてはダメなのか

世界一をねらわなければ生き残れない

２００９年の事業仕分けで、スーパーコンピュータ開発の予算配分をめぐり、蓮舫さんが「世界一になる理由は何があるんでしょうか？　２位じゃダメなんでしょうか？」という発言をして物議を醸しました。

どんな技術開発の分野であっても、ねらって２位になることはできません。専門家が１位をねらって死に物狂いでがんばったけれど、残念ながら負けて２位になる。２位というのはそういうポジションです。

最初から２位をねらっていたら、もっと下位に落ち込むだけです。２位をねらうくらいならば、最初からやらない方がまだましです。中途半端な投資が一番もったいない。

スポーツを考えれば明らかです。どの選手も世界一になりたいと思ってがんばるからオリンピック代表などに選抜されます。２位や３位でもいいなどと考えていたら、国の代表にすらなれないでしょう。

グローバル化が進む現代では、世界１位を目指さなくても生き残れるのは、法律や言語に関連する分野など、その国固有の領域しかなくなるでしょう。

技術の世界は1位だからこそ資金や情報が集まってきますし、顧客も信頼してくれます。1位の存在感は圧倒的に大きく、後方からの追い上げは非常に難しい。英語で「Winner take all」、まさしく「勝者が全部取る」という世界です。

どんな技術にしても、いまや世界のトップスリーに入らなければ、生き残りはほぼ不可能です。プライドやカッコつけのために1位を目指すわけではありません。生き残るために、世界一を目指さなくてはならないのです。

これは国レベルだけの話ではなく、個々の技術者の人生がかかった話でもあります。

エンジニアには職場でのローテーションがあまりなく、専門職として一つの部署に固定化されるのが普通です。負け戦になったときの技術者は悲惨です。戦いに敗れると部署そのものが消えることがあります。幸運にも異なる技術分野に異動になったとしても、異動先での待遇がいいはずがありません。一介のサラリーマンといえども、グローバルな競争に直接人生を左右されるのが現代という時代なのです。

自動車、電機……日本の強みを放棄してはいけない

東日本大震災における福島第一原発の事故により、今後はこれまでのように電力供給を

原子力発電に頼れないことが明らかになりました。

事故直後のある新聞記事には、日本の輸出が自動車や半導体などに偏っていること、これらの産業が大量の電力を消費していること、震災を経験した今後は自動車や電機分野に依存した産業構造を転換する必要があることが書かれていました。

個人も企業も、省電力型のライフスタイルや産業構造への転換が必要であることは間違いありません。また確かに、エネルギーを消費しないで製品を作れて、外国に輸出できる産業ができればすばらしいでしょう。しかし、日本が強みをもつ自動車や電子部品からの脱却は、戦略として正しいのでしょうか。

私はむしろ、自動車や電機産業の弱体化を大いに心配しています。長年の厳しいグローバル競争のなかで生き残った自動車産業や電機産業は、日本の貴重な財産です。製造に大量の電力が必要だからといって、消費者に不要なわけではありません。

世界からの需要がなくなるわけではないのに、わざわざ世界で一番の座を降りる必要はありません。震災復興もまだままならないうちに、タイの大洪水により、日系企業の工場が大きな被害を受け、日本のメーカーはさらに大きなダメージを受けました。降りようと思わなくても、落ちていくのは一瞬です。そして、新しい産業でいきなり一番を目指すのは非常に困難です。

日本は、いま一番である産業の強みを保ちながら、より低電力で製造する方法を探究して、世界ナンバーワンであり続けることを目指すべきだと思います。

半導体業界はいつも世界一決定戦

一時期「オンリーワン」という言葉がはやり、「我が意を得たり」とばかりにオンリーワンを謳った企業もあります。ナンバーワンにはなれないが、この世に一つしかないものを作る。それはそれで、意義のあることだと思います。

しかし、いくらオンリーワンだと言ってみても、その技術・製品で十分な収益を確保し、社員を食べさせられなければ意味がありません。ほとんど需要がない場所でオンリーワンといっても、それではただの自己満足です。

そこそこの市場規模がある分野であれば、そこでオンリーワンとして評価されれば、必然的にその市場でナンバーワンの地位がついてくるはずです。オンリーワンはナンバーワンになる力を秘めています。

これは竹内研の学生が書く論文でも同じです。学会に論文を通したいとき、世界のあらゆる技術と比較して独自性にあふれ、具体的な数字も優れていると証明できなければ絶対に論文は採択されません。学生だからといって、「よくがんばったね」というプロセス評価で論文が採択されるということはありません。

半導体業界はいつも世界一決定戦をしています。論文はすべて英語で書き、ISSCCのような学会で評価されない限り、ほとんど意味をなしません。

学生に限らず、研究者にも「このアイディアは新しいです」などと言ってくる人がいます。しかし、どんなにアイディアが新しく、それこそオンリーワンだったとしても、市場で勝負できるようなメインストリームのものでなければ、誰もふりむいてはくれないのが、技術開発の世界です。

技術開発とは過酷な自己否定の繰り返し

新技術は実用化していくと様々な問題が起こります。設計段階では従来製品よりも10倍も良かったものが、最終的には2倍程度の良さに落ち着いてしまいます。

前にもお話ししたように、アイディアで勝負する大学やベンチャー企業の場合は、最終段階で最低でも10倍、できれば2桁は改善する技術を考えないと注目してもらえません。

「ワンハンドレッド・エックス」といって、100倍良くなることを求められるくらいです。

しかも、現存している製品もどんどん改良されていきます。新しいアイディアを出すときには、過去の経過から考えていまある製品がどの程度改良されるかを予測し、改良された段階×100の性能でなくてはなりません。現在、1のレベルの商品が3年後には10になると予測されるなら、3年後に発表する新技術は1000を目指さないといけないわけです。

そのプロセスは非常に過酷です。過去に自分が開発したものを一度否定して、まだ見つけていない改善のポイントを探すという、自己否定の繰り返しです。

科学は常にそういう宿命にあり、ニュートンやアインシュタインの考え出した物理法則は、その当時では斬新であっても、いまから考えれば欠陥がある古い理論になっています。それが日々繰り広げられているのが技術開発の世界です。自分で作ったものを否定しながら、先に進まないといけません。その刹那性を受け入れ、常に全精力を投入する気力がないと続かない仕事と言えます。

宇宙開発と携帯電話の開発はどこが違うのか

技術開発の世界でも、自己否定のサイクルが際立って速いのが、半導体の世界です。

たとえば、フラッシュメモリは、動作が速い、電力が低い、製造コストが安い、信頼性が高いという四つしか競うポイントはありません。私が東芝に入社したのは、その分かりやすさに惹かれたせいもありました。そして半導体製品では、進歩を1、2年といったかなり短いサイクルで経験します。まさにラットレースで、精神的にはかなり消耗しますが、成功にしろ失敗にしろ、いろいろな体験が得やすいという魅力もあります。

宇宙開発などはこれとは対極の世界です。人工衛星やロケットなどは10年も20年もかけて開発します。しかも、打ち上げに成功するかどうかは分かりませんし、失敗したらそれまでの苦労が水の泡です。失敗から学びたくてもフィードバックは10年や20年に1回という厳しい世界です。

飛行機なども安全性が最優先されるので、慎重に慎重を期して開発が進められます。重箱の隅の隅のまた隅をつつくようにして、技術的な瑕疵をあぶり出し、その上で絶対に間違いがないと保証された技術だけを搭載します。ですから、マイクロプロセッサなどは10年前のパソコンに使われていたような古い製品を使用しています。

乱暴な言い方ではありますが、携帯電話のように開発サイクルが速く、壊れても「まあ仕方がない」と許容してもらえるような製品の方が、最先端の技術を採用できるわけです。また、数多くの試作のサイクルを回せるので、失敗のフィードバックも早い。

外の世界からは「技術者」「エンジニア」と一括りにされがちですが、開発するものによって、求められるものは大きく異なります。

私自身は、「走りながら考える」半導体の世界で鍛えられたことは、自分にはとても合っていたと思っています。

アートに近づきつつある回路設計の世界

私が専門にしているＬＳＩの設計は、１９９０年代までは作業の大半がエンジニアの手作業で行われ、「モノ作り」の側面が強い仕事でした。

その後、コンピュータの高速化やＣＡＤ技術の進化により、多くの設計作業が自動化されていきます。また人手が必要な作業も、現在は中国やベトナムなどにアウトソーシングされるようになりました。職人芸が必要と言われるアナログ回路の設計でさえも、現在では、自動化が着々と進んでいます。

その結果、回路設計は、技術をつきつめていく純粋なモノ作りというよりは、新しいアイディア、創造性が求められる仕事という側面が大きくなってきました。

とりわけ、フラッシュメモリの回路設計という仕事は、携帯電話といった商品内部のデザインを考える仕事です。ユーザーにとても近い場所にいるので、技術としての優位性だけでなく、世の中の動向を敏感にキャッチすることが求められます。私が、東芝時代に、MBA留学する、マーケティングに飛び回るという経験ができたのもそのおかげです。

また、新しいデザインを練るという作業は、絵画や音楽、映像などのクリエイターの仕事に共通するところがあり、アート的な要素もあります。

私は抽象絵画のモンドリアンという画家が好きで、研究室にも何枚かポスターを飾っています。抽象画ですのでぱっと見は理解不能な絵ですが、構図や配色の意図などを考えていると、回路設計に通ずるヒントが得られるような気がしてきます。

見えない部分の美しさが品質を決める

インダストリアル・デザイナーの山中俊治さんのツイートで知ったのですが、スティーブ・ジョブズは、ｉＰｈｏｎｅやｉＰａｄのマザーボード設計の美しさにこだわっていたそうです。マザーボードとはCPUやメモリをとりつける中心となる基板で、消費者には見えない部分ですが、「ボードなんて誰が見る?」と聞かれて、「オレが見る」と答えたとか。

このエピソードを知って、「我が意を得たり!」という思いでした。

先に、LSIの回路のコアの部分は、紙に描けるぐらいシンプルでないと、役に立つ技術にならないとお話ししました。実際、回路を実装するために描くレイアウトは、美しくてきちんと整っているものほど、不具合が少なく性能が良いのです。

レイアウトはキャンパスに絵を描くようなものです。絵と違うのは、「正確に動くためには、こういう形はダメです」というルールがあることです。

逆に、「ルールを守ってさえいれば、形なんか不細工でもいいでしょ」と言う人もいます。確かに、レイアウトの形は消費者には見えないので、どんなに不細工なレイアウトでも、動きさえすればいいように思えます。

でも、実際に製品開発の現場にいた経験からすると、対称性にこだわるなど、見た目が美しい、細部まで工夫したレイアウトほど、不良が少ないのです。ここには、人が理解できていない、ルール化できない、何らかの理由があるのだと思います。

ただ、美しいレイアウトにするには、かなりの労力が必要です。いままでは、「ルールは守っているのに、なんでそれ以上、手をかけなきゃいけないの？」と言う学生や部下にどう説明するか、答えに困っていました。

まだ理詰めで説明することはできないのですが、ジョブズのエピソードを知って、自分の考えに自信を深めました。

最低限のルールだけ守って最低限のことをやる人は一・五流どまり。ＬＳＩの設計においても、自分に対して厳しく、細部の美的なところまでこだわれないと、一流にはなれない。この点でも、回路設計はどんどんアートに近づいていると言えると思います。

アルキメデスの王冠とニュートンのリンゴ

スタンフォードのＭＢＡプログラムには、「Creativity in business」（ビジネスにおける創造性）という講義がありました。学生がチームを編成し、芸術家のように何か新しいものを作るといった課題をこなしながら、自分のなかにある創造性を見出していくという授業でした。

しかし、講義のなかで「さあ、世の中で当たり前となっていることを疑い、創造性を発揮して、新しいアイディアを出しなさい」と言われても、私にとってはいま一つしっくりきませんでした。

　というのも、私はこれまで200件を超える特許を取得してきましたが、発明のほとんどが、職場の机の上ではなく、通勤途上の電車のなか、入浴中、あるいはデパートで妻の買い物を待っているときなどに、突然ひらめいたものだからです。

　私の場合、職場のように緊張感がある場所で「さあ創造性を発揮しよう」と思ってもまったくアイディアは出てきません。むしろ、職場以外のリラックスした環境で、何となく課題の解決策を考えているなかから、突然ひらめくことがほとんどです。スケジュールが過密だと、傍目には必死で仕事をしているように見えますが、肝心な発明の仕事はあまりできていません。忙し過ぎるとどうしても頭が煮詰まってきて、アイディアが枯渇してしまうのです。

　いまでも気がつくとすぐ目先の仕事に忙殺されてしまうので、合間を縫って美術館に行くなど、アイディアを枯渇させないために、意識的に創造的なものに触れるようにしています。

　人によっても違うのでしょうが、時間的な制約が厳しくなく、精神的にも遊びの部分があるリラックスした環境の方が、創造性が発揮されやすいと言えるのではないでしょうか。古代ギリシアのアルキメデスは、入浴中に、王冠を水に浸すことで、王冠を壊さずにそれが純金であるかを調べる方法を発見したという言い伝えがあります。またニュートンは、リンゴが木から落ちるところを見て、万有引力の法則を思いついたと言われています。

シリコンバレーの代表的な企業であるグーグルには、勤務時間の20パーセントは好きなことをしてよいという有名な「20パーセントルール」があります。グーグルの社内のフロアには、ちょっとした遊園地と言えるような、アトラクションやインテリアがあるそうです。Googleニュースや Gmail といった、現在のグーグルの主力となった商品は、このようなリラックスした環境と自由な時間のもとで、作られていったのです。

私にとっても、研究室で研究員や学生に創造性をいかに発揮してもらうかはとても重要な課題です。グーグルの真似はできませんが、お掃除ロボット「ルンバ」を使ったり、この夏には節電のために、ダイソンの「羽根のない扇風機」を購入してみました。こうした創造性あふれるものに触れることで何かを感じてくれたらと思っています。

24時間仕事を忘れないでいられるか

仕事に遊びを持たせる、遊びのなかで仕事を考えるということは、言い換えれば、遊びのなかでも仕事を忘れない、ということでもあります。公私の別を明確にして、プライベートな時間には仕事を完全に忘れる、というスタイルでは、ふとアイディアを思いつくことは難しいと思います。創造性が求められる時代というのは、いつも仕事を忘れないのが大事という意味では、なかなか厳しい時代とも言えます。

どんな人でも、嫌いなことを24時間、ずっと頭の片隅に置いておくのはつらいものです。嫌いなことを考えていたら、そもそもリラックスなんてできません。創造性を発揮するためには、好きなことを仕事にする、あるいは、仕事のなかで好きな部分を見つけるということが、いままでにも増して重要になってきたと言えるでしょう。

「何も思いつかないかも」という不安に耐えられるのが第一条件

いろいろ試行錯誤を繰り返してきましたが、アイディアがなぜ出てくるのかということについては、やはり分かりません。ただ、出てこない人というのはわりと分かりやすいものです。アイディアが出ないかもしれないという不安に耐えられない人には、なかなかよいアイディアは浮かびません。

アイディアというものは、出てくる保証は皆無です。何も思いつかず、数カ月近く悩むこともあります。その間、何も出てこないことへの不安感が常につきまといます。このプレッシャーに耐えられないなら、「最初にアイディアありき」の仕事はお勧めできません。

継続して考える力は、創造的な仕事に不可欠です。私の研究室で総長賞をとった学生も、研究室以外の場所でよく考えているようです。逆に、私に催促されてからやっと考え始める学生からは、あまり新しいアイディアは出てきません。

竹内研は、半導体の回路設計というアイディアが重視される研究分野を扱っているので、学生レベルであっても、「気合いと根性があれば何とかなる」というわけにはいきません。努力だけではどうにもならないという点では、シビアな分野といえるでしょう。

それでも、半導体を実際に動かすように設計するのはまた別の話です。ここでは、地道な作業と、経験に裏打ちされた様々なノウハウが不可欠です。

解答があるものをすばやく解くのが得意な人、コツコツと作業を着実にこなすことが得意な人など、人のタイプは千差万別です。自分の特性に合った仕事を優先的に選べばよいのであり、誰もがクリエイターになる必要はありません。

私は大学4年生から大学院の修士課程を終えるまでの3年間、研究について試行錯誤を繰り返し、アイディアが何も思いつかない時期が続きました。修士の最後の方になってから、あるとき、ふっとアイディアが生まれ、そのアイディアをもとに書いた論文で何とか学位がとれました。

学生のときに、3年間も不安なまま過ごしても、最終的には何とかなった、というのは大きな自信につながりました。

執念深くがんばっていれば、いつか何かが出てくる。そういう長期戦に挑んでもいいという人は、ぜひアイディア勝負の仕事に挑戦してほしい。本当は学生にもそういう教育をしたいと思っています。私が学生のころは、「教えないのが教育的」とされており、何年間も研究に行き詰っても自分で考える必要がありました。このときの悩みが大きかったからこそ、得るものも多くありました。いま、東芝、東大と、場所を変えながら回路設計の仕事を続けていられるのも、このときの成功体験が生きているからです。いい経験をさせていただいたと、大学の恩師には感謝しています。

第6章 挑戦しないことが最大のリスク

1センチ角のチップに脳の神経細胞と同じ数の回路

最後になりましたが、そもそも半導体とは、フラッシュメモリとはどんな製品なのかをあらためて解説しておきましょう。

半導体とは文字どおり電気を「半分導く物体」です。銀や銅など、電気をよく通す素材を「導体」、ガラスやゴムなど電気をまったく通さない素材を「絶縁体」と言います。半導体はその中間的な素材で、不純物の量を調整することで、電気の通しやすさをコントロールでき、多様な電気部品に使われています。

半導体としてポピュラーなのはシリコン（ケイ素）という素材です。アメリカ西海岸のサンフランシスコからサンノゼにかけて、半導体関連企業が集まっているエリアを「シリコンバレー」と呼ぶのはそのためです。シリコンは天然の土砂や岩石に含まれているので、原料はほぼ無尽蔵にあると言えます。

半導体という言葉はもともとシリコンなどの素材を指すものでしたが、現在はそれに電子回路を組み込んだ製品を総称して半導体と呼んでいます。フラッシュメモリ、ＣＰＵ、画像をとらえるイメージセンサーなどはすべて半導体製品です。

半導体に組み込まれている回路は、極小の回路が数百万個も集まったもので、「集積回路」（IC：Integrated Circuit）と呼ばれます。約1センチ角のチップに、人間の脳の神経細胞と同じくらいの数の回路が詰っています。

半導体開発の基本は速くすること、小さくすること

パソコンや携帯電話など、あらゆるコンピュータ機器は、文字情報や音声、映像など、すべての情報を0か1に変換して処理します。それによって集積回路の数百万個のスイッチがオンになったりオフになったりして、機械が作動するわけです。

コンピュータは人間のように賢くないので、0と1を使う計算しかできません。音声や画像など、すべての情報が0と1だけに変換された世界をデジタルと言います。

0と1に変換された情報をCPUという部品で計算し、結果をメモリという部品に蓄える。半導体製品の仕組みは基本的にそれだけです。計算がたくさんできると、画質や音質をよくしたり、完成形を小さくしたりすることができます。パソコン、携帯電話、デジタルカメラなど、外形は異なりますが、内部の仕組みはほとんど同じです。

コンピュータの計算の基本的な方法は何十年もほとんど変わっていませんが、計算のス

ピードは飛躍的に向上しました。私たちがやっている技術開発とは、CPUやメモリの性能を上げて、計算速度を上げることに尽きると言ってもいいくらいです。

計算速度を上げるのも、原理そのものは簡単です。集積回路を小さくすればよいのです。部品の間を電子信号が走ってスイッチの切り替えをするので、小さくすればその距離が短くなって速くなります。

ですから、半導体業界ではとにかく小さい製品を作ることに力を入れてきました。現在、携帯電話に組み込まれているものと同じ性能を持たせるのに、かつてなら大きな体育館ぐらいの大きさのコンピュータが必要でした。

フラッシュメモリは何が画期的だったのか

フラッシュメモリが登場する以前は、記憶媒体としてはフロッピーディスクやハードディスクしかありませんでした。どちらも原理は同じで、磁性体という磁石のような部品を使用してデータを記憶します。

物として実際に動いて機能する部品、つまりネジ巻き時計を動かすような部品を機械部品と言います。機械部品は長く使用していると磨耗します。落としたり、どこかにぶつけたりしたら壊れてしまいます。フロッピーディスクもハードディスクも機械部品の一つです。

磁性体を、目に見えない電子が動く電子部品に置きかえたのが集積回路、半導体の世界です。電子部品に置きかえれば磨耗や故障がなくなります。ほかにも、小さい、信頼性が高い、速い、使う電力が小さいなど多くの利点があります。

機械部品でデータを記憶し持ち運びできる媒体は、光ディスクという光を用いた製品も含めると、カセットテープ↓フロッピーディスク↓CD↓DVD↓ブルーレイと進化してきました。

それらを電子部品に置きかえたのが半導体メモリです。フラッシュメモリが生まれる前には、DRAMという半導体メモリが実用化されました。

DRAMは、主にCPUが計算に使うための一時的なデータを保存するメインメモリに使われています。DRAMは、電源を切るとデータが消えてしまう揮発性メモリの仲間です。フラッシュメモリはその弱点を克服した製品で、電源を切ってもデータを記憶しておける不揮発性メモリです。しかも大容量化も可能にしました。その点が画期的だったわけです。

電子の出し入れで記憶をコントロールする

フラッシュメモリが発明された当初は、データを書きかえる際に、保存されていたデータをいったんすべて消していました。「フラッシュメモリ」という名前はそこに由来し、カメラのフラッシュのようにパッと消えるというイメージがあったため名づけられました。

フラッシュメモリは、「メモリセル」という部品を使ってデータを記憶します。メモリセルの一部分である「浮遊ゲート」に電子が入っている状態を「0」、入っていない状態を「1」とし、データの入出力を行います(170ページからの図参照)。

電子を出し入れして書きかえるため、機械が動くハードディスクや光ディスクに比べて高スピードで入出力ができます。

フラッシュメモリの記憶容量は、一つのチップにどれだけのメモリセルを搭載できるかで決まります。最近はメモリセルが20ナノメートルまで微細化されたことで、64ギガビットの容量を記憶できるまでになりました。64×10^9乗=640億個のメモリセルが搭載されていることになります。

フラッシュメモリの写真を見ると、真っ黒あるいは緑色に埋め尽くされた部分がありま す。数百億～数千億個のメモリセルが詰っているわけです。

フラッシュメモリは、メモリセルの浮遊ゲートに電子を入れて記憶させます。電子は入れすぎても足りなくてもダメですし、入れた電子の量が十分かをチェックする必要もあります。電子を入れるための電力も小さいにこしたことはありません。そのような電子の動きを制御するのが電子回路という部分であり、私はその開発をしているわけです。

私が開発した多値フラッシュメモリとは、電子が入っている状態を、多く入っている、やや入っている、少し入っている、入っていないという四つにわけて、たくさんのパターンを記憶する技術です。単に1と0と二つの状態を記憶する場合に比べて、多値の記憶をすることで、容量を2倍に増やすことができるのです。

大容量化はどこまで進むのか

私が東芝に入社した当時、CPUはすでにインテルの独擅場でした。そこで舛岡さんはフロッピーディスクやハードディスクに代わる記憶媒体としてフラッシュメモリの開発に取り組み、1984年にNOR型フラッシュメモリを、87年にNAND型フラッシュメモリを発明しました。

NORとは「Not OR」、NANDとは「Not AND」の略語で、いずれも演算処理の方

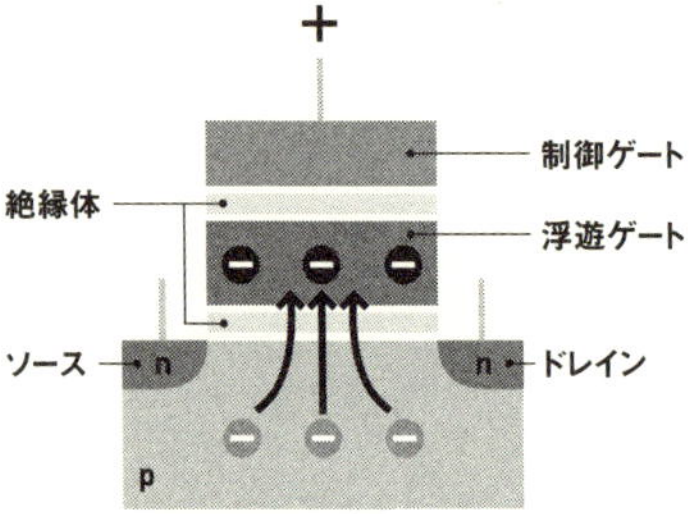

[データを書き込む]

未使用のメモリセルは、浮遊ゲートに電子が入っていない。データを書き込むには、制御ゲートに約20ボルトの正の電圧を加える。すると、p型半導体にあった電子が引き寄せられ、トンネル絶縁体をこえて浮遊ゲートに入る。これが「0」の状態。電圧をなくしても「0」の状態が保たれる。

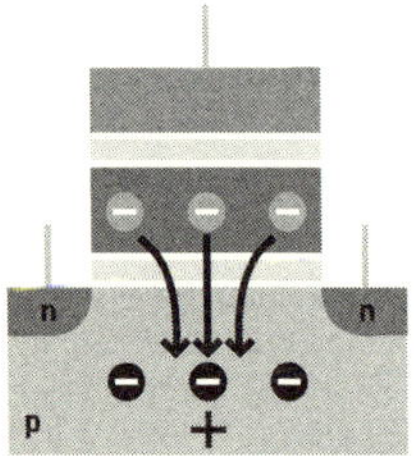

[データを消去する]

p型半導体に約20ボルトの正の電圧を加えると、浮遊ゲートにあった電子がトンネル絶縁体をこえてp型半導体に移動する。これが「1」の状態。電圧をなくしても「1」の状態が保たれる。

フラッシュメモリの基本的な構造と仕組み

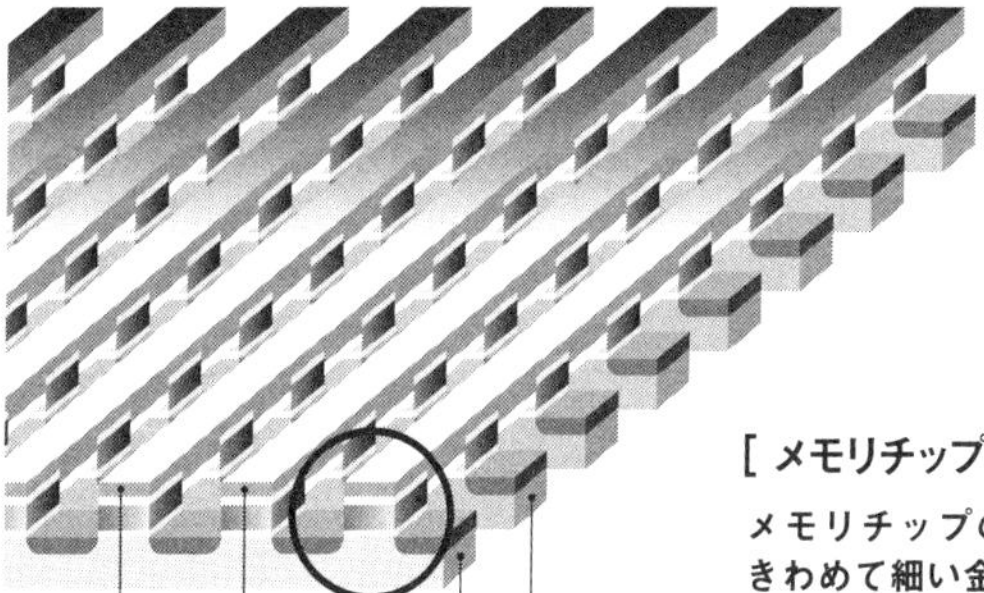
金属線
半導体の線
拡大

[メモリチップの内部]

メモリチップの内部は、きわめて細い金属線と半導体の線が縦方向と横方向にそれぞれ並んだ構造になっている。線の交差する場所が一つのメモリセル。

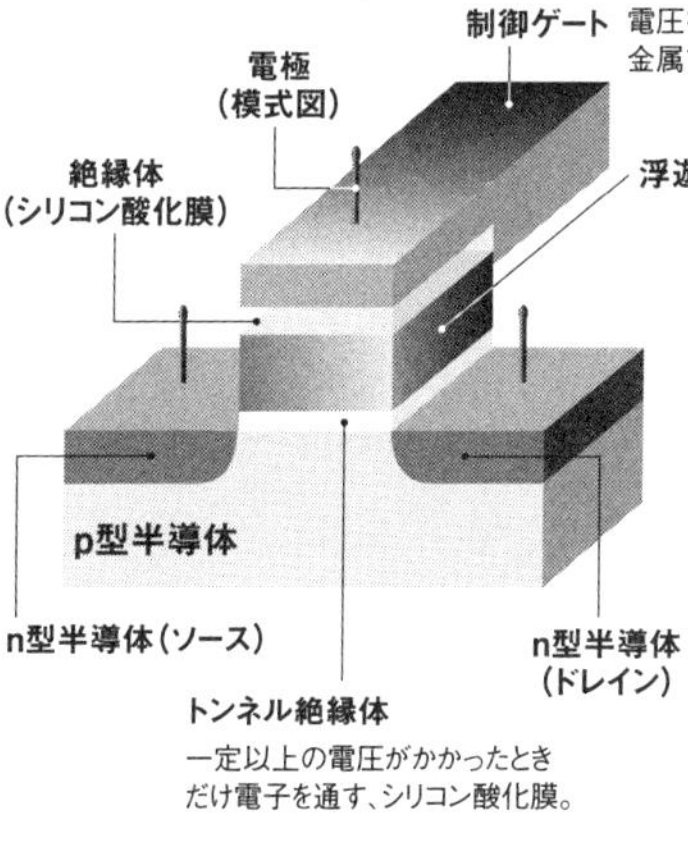
制御ゲート 電圧をかけて、電子の動きを操作する。金属でできている。
(シリコン酸化膜)
浮遊ゲート 電子を閉じこめる。シリコン半導体や金属でできている。

一定以上の電圧がかかったときだけ電子を通す、シリコン酸化膜。

[メモリセル]

p型半導体とn型半導体でできた基板（高さ約0.05ミリメートル）の上に、トンネル絶縁体と浮遊ゲート、絶縁体、制御ゲートが載っている。上に載っている構造物の高さは約50ナノメートル(0.00005ミリ)。

法を示す言葉です。NAND型フラッシュメモリは、回路の構造を工夫してNOR型より集積度を高めたため、大容量化が可能になりました。

メモリセルの浮遊ゲートに電子を注入するためには、約20ボルトの電圧が必要です。通常、電子部品を動かすのに必要な電圧は1、2ボルト程度なので、20ボルトというのは相当高い電圧です。この20ボルトという高い電圧をいかに効率よく作るかということも、私たちが取り組んでいる重要な技術課題です。

私が東芝に入社したときすでに、メモリの微細化はもう終わりだと言われていました。それが、当時のサイズが400ナノメートルだったのに対し、現在は20ナノメートル。18年間で20分の1の大きさになりました。面積にして1／20×1／20、400分の1になったわけです。

容量も、最初に手がけた製品は16メガビット。退社したときには16ギガビットだったので、1000倍になりました。さすがにそろそろ大容量化は限界だろうと言われ続けていますが、市場が伸びていれば、新しい技術はドンドン開発されます。伸びる可能性はまだ十分にあります。

もっとも、容量が増えれば、たくさんのものを一度に動かすわけですから、それだけ電力の消費量が増えます。そこで、少ない電力で効率的に回路を動かす仕組みが必要になります。

このように、入出力の速さ、電力の小ささ、容量の大きさ、それに信頼性の四つがバランスよくそろって初めて、優れた製品が完成するのです。

最近よく耳にするようになったSSDとは、記憶媒体としてフラッシュメモリを用いるドライブ装置のことです。パソコンの記憶媒体としては、現在もハードディスクが主流です。ハードディスクとは、名前どおり、ディスクという機械部品を用いているため、パソコンの立ち上げに時間がかかります。SSDはそれに比べて高速で読み書きができます。今後、容量当たりの単価が下がって大容量化が実現すれば、急速に普及していくでしょう。

次世代メモリの主導権争いは異種格闘技戦

私が現在、七つのプロジェクトを並行して進めている理由の一つは、何が本当に次の技術のメインストリームになるか、実際のところやってみないと、よく分からないからです。

シリコンをベースにした半導体の微細化は限界が近いと考えられており、新しい物理現象を活かした、新しい材料の研究が盛んになっています。その一つの候補が、ハードディスクで使われている磁性体という磁石のような原理で動作する磁性体メモリ。もう一つの候補が、DVDなど光ディスクで使われている相変化材料を使ったメモリです。

フラッシュメモリには、数千回ほど書きかえると、データが失われてしまうという欠点があります。先にお話ししたとおり、矛盾している技術をむりやり実現したような製品なので、何度も電子の出し入れをしているとダメージを受けてデータが消えやすくなります。そこで、電子を出し入れしないメカニズムで記憶する次世代メモリの開発に、世界中の技術者が挑んでいるのです。

フラッシュメモリはハードディスクや光ディスクに取って代わろうとしているわけですが、次世代の半導体メモリとしては、磁性体メモリや相変化メモリがフラッシュメモリに取って代わろうとしている。つまり、フラッシュメモリに仕事を奪われつつある、ハードディスクや光ディスクのエンジニアが、半導体メモリの業界に参入し、フラッシュメモリに取って代わろうとしています。異なる分野のエンジニア間の、食うか食われるか、仕事の奪い合いです。もともとの出自が違うエンジニアたちの戦いなので、柔道家対プロレスラー対ボクサーといった異種格闘技戦のようなものです。

新しい技術は「もう限界」と言われた先にある

電子製品に搭載されるフラッシュメモリは、いまだに標準化されていません。そのため、各社ごとに違う製品をアップルなどの顧客に売り込みます。

アップルにしてみれば、標準化されていた方が価格交渉を有利に進められます。万一のときには他社に替えられるので、リスクヘッジもできます。

一方、フラッシュメモリのメーカーは、アップルなどメジャー企業の新製品に使ってもらえれば非常に大きな利益につながるため、自社の優位性を高めようと必死になります。東芝や韓国の三星電子など各社が鎬を削るなか、コストや性能に加えて信頼性という点で優位に立っているのは、やはり東芝です。

フラッシュメモリが、電源を切ってもデータが消えないということは、先ほどの説明でいうと、電子が抜けにくいということです。一方で、データを入れやすい、つまり書き込みが速いことも大切なので、それには電子を入れやすい方がいい。

どんなものでも、入れやすければ抜けやすいものですが、フラッシュメモリには入れやすくて抜けにくいという矛盾した技術が必要なのです。そのためには、いわゆるモノ作りの技術から、回路技術、万が一データが壊れた場合に訂正するシステム技術といった幅広い技術が必要です。

最近は総合電機メーカーやデパートのように、幅広い分野に手を広げている業種は収益が低いと言われがちです。ところが、フラッシュメモリのように、モノ作りだけでなく、製品を使いこなす技術も問われる場面になると、日本メーカーの総合力が生きてきます。

現在、フラッシュメモリは微細化が進んだせいで、動かす電子の数が数えられるまでになりました。電子を1個ずつ制御するのはとても困難な技術ですが、今後は挑戦する必要があります。

幸か不幸か、技術は進歩すればするほど、新しい課題がどんどん出てきます。もう20年も前から、半導体の技術的な進歩は限界と言われていますが、いまだに新しい課題が出てきて、その克服に世界中の技術者が取り組んでいます。

市場が拡大する限り、技術的にどんなに困難な壁があっても人類は超えてきたというのがこれまでの歴史です。その流れは、今後も変わらないのではないでしょうか。

グーグルのデータセンターもフラッシュメモリに!?

フラッシュメモリは、ハードディスクなどの磁気ディスク、光ディスクの市場を侵食することで発展してきました。記憶媒体の業界はピラミッド状になっています。高性能のものほど高価格であり、市場が小さいという構造になっています。

その頂上付近にいるのがフラッシュメモリです。現在のところは、携帯電話のような小さい製品やパソコンでしか活用されていません。今後、大容量化が進めば価格は下がります。そうすると、ピラミッドのもっと下の方、すなわちハードディスクに代わるような存在になれるわけです。

たとえば、グーグルなどの大手サイトでは、膨大なデータをデータセンターのハードディスクで記憶しています。大きな電力を消費するハードディスクを動かし続けるためには原発何十基にも相当する莫大な電力が必要です。さらに、データセンターから出る熱を冷やすための空調にも大きな電力がかかります。少しでも電力を低減するため、データセンターの多くは、アメリカとカナダの国境地帯など寒い地域に建てられています。

大量の電力消費と放熱は、地球環境を脅かす重大な問題です。そのため最近では、データセンターの記憶媒体をフラッシュメモリにかえて、電力の低下を図ろうという機運が生まれています。

特に日本では、原発事故がきっかけとなって、省電力化の波はさらに勢いを増すでしょう。それを可能にするアイディアもたくさんあります。

東日本大震災後、白色LEDの照明が注目されるようになりました。蛍光灯に比べるとまだかなり割高です。しかし、長く使えば電気料金の節減につながるので、最終的には採算がとれるということから、急速に普及し始めました。

フラッシュメモリの普及も、これと同様です。最初にフラッシュメモリをデータセンターに導入するときには、ハードディスクよりもはるかにコストがかかります。ですが、電気代はハードディスクの10分の1程度まで減らせるので、トータルで考えれば、コストの低減が期待できます。

垂直統合型から水平分業型にシフトした電機業界

持続的なイノベーションのために、今後は企業全体の経営戦略を転換していく必要があります。経営戦略には大きく分けて、あるサービスを市場に提供するため様々な事業を自社内で抱える「垂直統合型」と、得意な一分野のみに特化して事業を行う「水平分業型」があります。

国際的な競争を勝ち抜くために、電機業界は「垂直統合型」から「水平分業型」にシフトしてきました。「百貨店経営から専門店経営へ」とも言われる流れです。

たとえばコンピュータ業界では、以前はＩＢＭなどの大企業が、ＣＰＵなどの半導体製品に始まり、ＯＳなどのソフトウエアの製造、最終段階のパソコンなど機器の組み立てまで、すべてを自社で行っていました。これが垂直統合型です。

それが現在では、ＣＰＵはインテル、メモリは三星電子、ＯＳはマイクロソフト、組み立てはデルから中国企業にアウトソーシング、パソコンの販売はデルと、それぞれの事業に強みを持つ企業が分業を行っています。垂直統合型から水平分業型に移行したわけです。

世界1位か2位の事業でなければ生き残れないため、各企業が特定の得意分野にしぼって勝負する水平分業化が進むのは必然です。しかし、各企業が一匹狼のように生き残りをかけた競争の土俵にあがり、それが徹底されていくのはよいことなのでしょうか。

そして勝機は「水平統合型」経営戦略へ

半導体業界では、微細化が進むにつれて素子の品質にばらつきが出てきています。現在の半導体の製造は、製造装置、回路設計などに分業されています。それぞれの分野で最適化が図られていますが、その状態では高品質な製品の開発は難しい。製造装置、プロセス技術、デバイス技術、回路システム技術、場合によってはOSなどのソフトウエア技術も含め、全体の一括した最適化が必要になっているのです。

しかし、各企業がバラバラの水平分業型ではそれが困難です。

今後は、それぞれの分野に強みを持つ多くの企業による連携の仕組み作り、つまり、「水平統合型」の経営戦略が不可欠です。実際、アメリカの半導体企業では関係各社が巨大なクリーンルームに同居し、密接に連携して技術開発を行っている例があります。州政府の補助金、公的な研究資金、参加する半導体メーカーの資金など、資金面でもサポートされるうまい仕組みができあがっています。

垂直統合型と水平分業型の両方のメリットを活かした「水平統合型」の経営戦略は、半導体開発にとどまらず、電子機器の開発にも及んでいます。

私も大学に移ってからは、半導体、ナノテクノロジーの開発において、材料、デバイス、回路システム、ソフトウエアを統合した研究開発体制を作り上げるために走り回っています。

垂直統合型では、社内のリソースが分散してしまう。しかし、水平分業型に走りすぎると、業態を構成する異なる分野の連携が軽視されがちです。それぞれの分野で強みを持つ企業同士が、相手のよさと自分のよさをうまく組み合わせてよいモノを生み出す「水平統合型」の事業を、日本企業も本格的に目指すべきではないでしょうか。

次世代メモリ研究で日本の大学を圧倒する台湾・韓国

新たな連携戦略が必要なのは、企業同士だけではありません。

先日、日本で開催されたSSDM（International Conference on Solid State Devices and Materials）という国際会議で象徴的なことがありました。

現在、半導体業界では、ReRAM（Resistance Random Access Memory／抵抗変化型メモリ）、あるいはRRAMと呼ばれるメモリが次世代メモリとして注目を集めています。ReRAMは、現在SSDとして商品化されているフラッシュメモリよりも5桁も高速で、かける電圧は20ボルトから2ボルトまで低減可能です。しかも製造が簡単なので、夢のメモリと言われています。

しかし、ReRAMが動作する物理的なメカニズムや最適な物質の構成は、まだ明らかになっていません。大企業だけでなく、世界中の大学や国の研究機関、ベンチャー企業で、研究者が試行錯誤しながら研究を行っている段階です。

ＳＳＤＭでは、ＲｅＲＡＭに関して16件の発表がありました。そのうち日本は私たち東大の1件だけ。台湾の大学や国立研究所から6件、韓国の大学から4件、アメリカと中国の大学からそれぞれ2件、ヨーロッパの大学から1件の発表が行われました。学会前には、原発事故と放射能への懸念から、外国からの論文投稿が減るのではないかと心配されていたのですが、フタを開けてみれば、日本は台湾・韓国の大学の勢いに完全に圧倒されていました。

産学連携成功の要因は「同じ釜の飯」仲間の交流

ＲｅＲＡＭは、シャープが2000年代初頭に、アメリカの大学と共同で世界で初めて動作を実証しました。シャープは研究で先行するだけでなく、ＲＲＡＭという登録商標も取得しています。日本が研究開発の老舗でありながら、いまや台湾・韓国に押されているのにはカラクリがあります。

ＲｅＲＡＭはナノテクノロジーの一種で、素子を、数十ナノメートル（1ナノメートルは1メートルの10億分の1）程度の非常に小さいサイズに加工する必要があります。微細加工に必要な最先端の液浸露光装置は数十億円、クリーンルームの建設にはさらに1、2

桁多い資金が必要で、大学単独での研究は、事実上不可能です。大学がReRAMの研究を進め、学会で発表するには、企業との共同研究が必要なのです。実際、私たちの研究発表もシャープなど企業との共同研究の成果です。企業からは微細加工した半導体のチップを提供していただきました。

台湾や韓国の大学の論文の発表には、共著者や謝辞のなかに、TSMCや三星電子など大企業の名前があり、企業との共同研究の成果であることは明らかです。大企業の最先端の研究を、積極的に大学が担っていると言ってもいいでしょう。台湾や韓国でも、国立の大学や研究所は主に税金で運営されています。大学を通じて国が大企業の研究開発を支援している、大企業の先端技術の開発に学生というリソースを活用しているとも言えるわけです。

台湾や韓国のこのような研究の仕組みは、最近特に活発化してきました。学会で外国メーカーのエンジニアに聞いたところ、産学連携の一つの理由は人材の交流にあるそうです。外国のメーカーは、役員の手前までいくと、「Up or Out」すなわち、昇進できなければ退職しなければいけないという人事制度になっています。

昇進のスピードは日本より速いですが、40代の働き盛りの優秀な技術者であっても、退職しなければいけないことがあります。そのようなエンジニアが企業を辞めて大学に転職し、かつて在籍していた企業と共同研究を行っているのが、産学連携の実態のようです。このような連携は、大企業と、そのOBが創業したベンチャー企業との間でも見られます。大学、ベンチャー、大企業と、立場は違っても、かつて同じ釜の飯を食べた者同士なので、互いに考えていることがよく分かり、コミュニケーションは円滑に進みます。こうして産学の相互理解が進んでいることが、台湾や韓国の産学連携の成功の一つの要因のようです。

「研究成果の学会発表をやめてくれ」と言われても……

逆に日本では、こうした大企業と、大学・ベンチャー企業の間の基本的な理解が決定的に不足しているように思います。

大学やベンチャー企業からすると、大企業に自分たちの状況を分かってもらうのがとても難しい。創業から間もない、いわゆるアーリーステージのベンチャー企業の場合、資金繰りが苦しく、半年から1年程度持ちこたえるだけの余裕しかないことがしばしばあります。毎日が存亡の危機であり、経営判断が1日遅れただけでも会社が潰れかねません。大学も資金面では似たようなものです。

ベンチャー企業のこのペースに、大企業の投資判断はなかなか追いつきません。日本の大企業がベンチャー企業に投資するかどうかの判断に迷い、様子を見ている間に、外国企業に買収されたり横取りされたという事例を、私は多く見てきました。

また、ベンチャー企業や大学は、圧倒的に人のリソースが不足しています。大企業のように、専属の法務部隊を持つことはまず無理です。コンサルタントを雇ったとしても、複雑な契約書を書いたり、契約交渉に長い時間を使う余裕は、なかなかありません。

私の大学での短い経験でも、大企業の法務部門から分厚い共同研究の契約書を渡されたことがあります。その後の契約交渉まで考えたら、とても読む気がおこらず、共同研究は断りました。

また大学と企業の共同研究でしばしば困るのは、研究の成果が出たときに、「研究成果の学会発表をやめてくれ」と言われることです。大学では、学位を取るために、学生は必ず学会発表を行い、論文を書く必要があります。それをやめてくれと言われたら、大学は成り立ちません。

一方、大企業の側も、大学やベンチャー企業に言いたいことは多々あるでしょう。たとえば、企業にとっては、論文よりも特許が重要です。企業と共同研究を行うのであれば、大学には論文を書く前に、特許に注力してほしいでしょう。研究内容に関しても、オリジナリティーばかり追求するのでなく、実際に企業が困っている技術的な問題を解決してほしいはずです。

産学Win-Winの関係を築くのが自分のミッション

しかし大学・ベンチャー企業と大企業は、基本の相互理解さえできれば、本来はWin-Winの関係を築けるはずなのです。

大学やベンチャー企業には、大企業にないスピード感があり、新しく困難な技術課題に果敢にチャレンジするという良い面があります。大企業よりははるかに安いコストで、難易度の高い技術課題に取り組む大学やベンチャー企業を利用しないのはもったいない。経営的には、大企業は最先端の技術開発をアウトソースすることで、自らはリスクを取らずに、自社の技術戦略につなげられます。

一方、日本の大企業は世界的に高い名声や信用があります。出資や共同研究という形でその看板を借りられることは、ベンチャー企業にとっては大きなメリットです。大学にとっても、企業との共同研究を通じて、自分の行っている研究が社会に役に立つことをリアルに感じられるのは、学生のモチベーション向上にとても有効です。日本のエンジニアの底上げにもつながります。

私はかつて東芝で、ベンチャー企業や大学など外部の研究機関と連携する仕事を担当しました。現在は逆に、大学で企業との産学連携を進める立場にあります。また、付きあいのある国内外のベンチャー企業を日本の大企業に紹介することもあります。

私が在籍していた東芝は、大学やベンチャー企業、外資系企業に移るエンジニアが比較的多い会社です。しかしこれは、日本の大企業のなかではかなり例外的です。今後日本が、技術開発の熾烈な競争を生き延びるためには、私のようなキャリアの人間がもっと一般的になり、産学のコミュニケーションを円滑にし、連携を深めていくことが不可欠だと思います。

「ドラえもんがいたらいいな」から始まる技術開発

半導体には「ムーアの法則」といって、1年半で集積度が2倍になるという進化の指標があります。およそ毎年2倍になると考えれば、10年後には2の10乗、つまり1024倍になると予測されます。フラッシュメモリでいえば、容量がそれだけ増加するわけです。実際、フラッシュメモリやCPU業界では、世界中で膨大な数の技術者が「来年には倍にする」とがんばっています。

しかし、ナノメートルの微細な世界のことは、実は、現代の物理学を駆使しても分からないことばかりです。実際に作ってみないと、どの程度の性能になるのか分からない。作ってから、「こういう原理で動いているのかな」と明らかになることも多いのです。

未来を予測するのも大変難しいことです。技術のトレンドを念頭に置いて社会が必要とするものは何かを考え抜かなくてはいけないのですが、結局のところ、自分が使うことを想像して、自分がどうしてもほしいと思うかどうかで判断するしかありません。

たとえば、ゲーム機を例に取ると、プレイステーション2ぐらいまではゲーム自体の進化は画期的でしたが、もう十分に画像は綺麗になりました。それ以上の技術は必要ないのではないかというのが実感です。

任天堂のＷｉｉにしても、私は、家のなかでリモコンを振っているよりも、実際にテニスをやった方がおもしろいと思ってしまいます。このように、自分がゲームをやらないので、私は、ゲーム領域の技術には情熱が湧かず、将来技術についての直感も働きません。

驚異的なヒット商品を次々と生み出したアップルのスティーブ・ジョブズも、自分が好きなもの、ほしいと思うものを実現してきたのだと思います。市場調査をすることではなく、自分は何がほしいのかを徹底的に考え抜くことがマーケティングの本質なのです。

結局、技術開発を可能にするのは、「ドラえもんがいたらいいな」と思う気持ちに尽きるのではないでしょうか。私も新しいアイディアがほしいときには、SF小説を読んだり、映画を観たりして、「ジュラシック・パークができたら何ができるかな」などとかなり本気で考えます。

東大に来て失ったものと手にしたもの

東芝時代にやっていたフラッシュメモリの回路設計は、数千億円もの投資を必要とするものでした。大学ではとてもそんなことはできません。大学への転職は自ら選んだこととはいえ、長年携わった得意分野の研究ができなくなったのは、きついものでした。大学の自由度と、企業のリソースを持って研究開発ができたら理想的だとは思いますが、それはかなわぬ夢でしょう。

しかし私自身の発想は、東芝にいたときよりも、ずっと自由になりました。

半導体の場合、わずかなミスが発覚して試作品を作り直すためには3カ月程度かかります。製品の製造を3カ月間止めたら、東芝のフラッシュメモリの年間売上げが1兆円だとするとその4分の1、2500億円を失うことになります。

それが自社の工場内でとどまればまだいい方で、すでにパソコンや携帯電話などに搭載され、消費者の手元に届いてからミスが見つかったりしたら、まさしく悪夢です。アップルなど顧客の製造ラインを止めるわけですから、その損失たるや想像もつきません。

この点、大学は製品の責任を負っていないので、仮に開発に失敗しても大きな損失につながることがありません。ミスが許されないというプレッシャーが減って身軽になった分、いまは自由にアイディアを考えられるようになりました。もっともその分だけ飛躍したアイディアでないと意味がありません。

いま旬の分野でポジションを守るのは消耗戦

私が大学に移ってから力を注いでいるのは、メモリを使いこなすためのコンピュータ・アーキテクチャやソフトウエアの研究です。フラッシュメモリや先ほどお話ししたReRAMのような不揮発性のメモリは、桁違いの高速化・省エネといったコンピュータ・アーキテクチャの革新をもたらす可能性があるからです。

大学にはコンピュータ・アーキテクチャやソフトウエアの専門家はたくさんいます。情報工学の専門知識では、私がかなうはずがありません。しかし、イノベーションの源泉はメモリです。私もメモリの専門家という強みを活かせば、メモリを知らないシステムの研究者のなかで、勝機が出てきます。

しかし、いずれはこの分野も、研究者が増えて過密状態になるでしょう。そうしたら、また別のことに取り組むと思います。

過去の人間模様を見るにつけ、いま旬の分野で自分のポジションを守ろうとすると、なにしろ人がたくさんいるので、純粋な技術の部分ではなかなか差がつきません。その結果、技術の優劣よりも、人間関係の方が大事になってしまう、ということが起こります。

それはもはや消耗戦であり、本質的でない部分に気力や体力を奪われるのは避けたい。私がフラッシュメモリの絶頂期に、フラッシュメモリの開発から身を引く決断を下したのには、そのような背景もありました。

日本の競争力を高める鍵を握るMOTという発想

もう一つ、最近、私が力を入れていることがあります。それがMOTです。

MOTとは「Management Of Technology」であり、直訳すれば「技術経営」、技術者に身につけてほしい経営学的スキルのことです。

なぜそのようなスキルが必要なのか。スイッチング・コストを例に考えてみたいと思います。

大学やベンチャー企業の技術開発では、性能、消費電力、価格などで2桁以上のメリットを目指す必要があるとお話ししてきました。なぜそのような大きな成果が要求されるのでしょうか。

製品のコストには、製品の販売数や売上高によって変動する変動費と、それとは関係のない固定費があります。半導体ならば、チップの原料となるシリコン・ウエハの購入費用は変動費、研究開発に携わる研究者の人件費は固定費です。

経理担当者ならば固定費と変動費だけを考えていればよいのですが、新製品を開発するエンジニアにとっては、固定費や変動費とまったく違う概念である「スイッチング・コスト」がきわめて重要になります。

スイッチング・コストとは、顧客が既存の製品から新製品に乗り換えるときに負担しなければいけないコストです。

たとえば、私がベンチャー企業をおこし、まったく新しいメモリを開発して携帯電話メーカーなどに売り込んだとしましょう。

そのときメーカー側には、「竹内なんて信用できるのかな?」といった心理的なコスト、新メモリを使うために、メモリを制御するホストCPUを変更しなければならない開発コストなど、様々なコストが発生します。これがスイッチング・コストです。

こうしたスイッチング・コストは、変動費や固定費と違って、数値化するのが困難です。このように、とらえどころのないスイッチング・コストを克服して顧客に新製品を販売するには、どうしても従来製品に比べて10倍程度のメリットはないといけないわけです。

とはいえ、10倍ものメリットを出すことは簡単ではありません。実際の新製品では、10倍ものケタ違いのメリットを出せない場合がほとんどです。とはいえ、そこで売り込みを諦めてしまったのでは、ビジネスになりません。その場合には、性能などを多少犠牲にしても、スイッチング・コストを低減するという発想が必要になります。

新メモリを携帯電話メーカーに供給する場合を例にとれば、従来のメモリと新メモリの互換性を保ち、ホストCPUを変更せずに新メモリを使えるようにすれば最も効果的です。また、新メモリを制御するソフトウエアも同時に提供し、顧客が負担する新たなソフトウエア開発を最小限にとどめることなども重要になるでしょう。

このように技術者が視野を広げて、新技術を使いこなすための仕組み作りや、現実のビジネスにおとしこむための戦略などを考えるのがMOTです。

MOTはまだ学問としても確立していない、海のものとも山のものともつかない、まったく新しい分野です。私がそこに力を入れているのは、ひょっとしたら、将来の日本で重要になるのは純粋な技術だけではなく、技術を活かすMOTではないか、という思いがあるからです。

日本が技術の優位性を保ち続けるための努力は、今後ももちろん重要です。しかし、韓国や台湾に続く中国やインドの台頭を見れば、純粋な技術だけで日本が勝負するのは段々厳しくなると考える方が合理的です。技術力を高めつつも、顧客が受け入れ可能な技術戦略を同時に考えられるようになることが、日本の産業界の競争力を高める鍵になるのではないでしょうか。

勝ち残るのは、見る前に跳んで、たくさん失敗した人

大学卒業後に働く期間を40年と考えると、どんな分野であっても、40年という長い期間の仕事を保証してくれる専門知識はなかなかありません。新しいことをどんどん取り込んで、常に変わり続けていかないと行き場を失ってしまいます。

フラッシュメモリ成功の背後には、既存の記憶媒体が駆逐されたという現実があります。今度はいつ、フラッシュメモリがほかの技術に取って代わられるか分かりません。ですから、一つの場所にとどまるのは怖い。何も挑戦しないことこそ、最大のリスクだと思います。

MBA留学から帰国したときは、「東芝を変えてみせる」と意気込んでいた私ですが、結局、多くの人が予想していたとおり、東芝を変えることには挫折し、自ら会社を離れることになりました。東芝を変えようとする試みは失敗に終わりましたが、逃げないで自分がやれることには挑戦したというある種の充実感はあります。失敗から多くのことを学びましたし、現在につながる道が開けたとも言えます。

「Leap before you look」という英語のことわざがあります。「見る前に跳べ」という意味です。

もう少し考えてから、様子を見てからなどと言っていたらチャンスはどんどん逃げていきます。跳ぶことが怖くなってきます。ですから、見る前に跳ぶのです。

もちろん、見る前に跳んだら、落ちてケガをすることもあるでしょう。これまでお話ししてきたように、私自身、それで何度も大変な目に遭ってきました。

しかし、跳ばないで待っているより、跳んで失敗した方が断然学ぶものが多いのです。最後に勝ち残るのは、リスクを怖がらずに跳んで、たくさん失敗した人です。

私もまだまだ現在の自分に満足せず、見る前に跳び続けようと思います。それが自分に合った生き方であり、私を支援してくださる多くの人たちを裏切らないことだと思うからです。

おわりに

本は何かを成し遂げた人が書くものだと思っていましたが、思いもかけず、このような機会をいただく幸運に恵まれました。

変化が激しい現代では、理系に限らず文系の世界でも、今日の勝者は明日の敗者かもしれません。何かを得たと思ったら、一瞬で失ってしまう時代です。何かを成し遂げてから本を書く、なんていうことは一生ありえないのかもしれません。ですから、いままさに全力で走り続けている途中で本を書かせていただく、それはそれでよいのかなと思い、執筆を引き受けました。

この本は、エンジニアやエンジニアを志す人たちだけでなく、文系の人や事務的な仕事をする人たちに向けても書いたつもりです。エピソードは一人の技術者が経験したことにすぎないのですが、仕事に対する考え方に、理系・文系の違いはないでしょう。

文系の世界は、日本語の壁により、技術者ほどにはグローバル競争に巻き込まれてはいません。ですが、熾烈な競争に巻き込まれるのは時間の問題です。事実、ファーストリテイリング、パナソニック、ローソンほか多くの企業が、事業のグローバル展開をねらって、新卒のグローバル採用を拡大しています。これからは、文系・理系を問わず、日本の会社のなかでも、世界中のハングリー精神が旺盛で能力の高い若者と競わなければいけない時代です。

そんなグローバル競争を戦い続けてきた私が、いままでの経験から確信をもって言えることがあります。それは、どんな分野でも、将来はまったく予想できないということです。

私が大学を卒業した20年前に国内エレクトロニクス業界で花形産業だったＤＲＡＭ事業は、いまやエルピーダメモリの1社だけになり、パソコン事業や携帯電話事業は風前の灯火です。他業種を見ても、親方日の丸と言われ、規制などで保護されていた銀行や証券会社も淘汰《とうた》が進みました。夢の技術と言われたバイオテクノロジーは、産業としてはいまだに夢のままです。その一方、インターネットの誕生とともに、グーグルやアマゾンに代表されるような、ＩＴを基軸とする、20年前には想像もつかなかった新しい企業が生まれてきました。

一つのスキルや資格に頼って一生食べていくことは難しい。医師や弁護士であっても、もはや安泰ではないでしょう。

私自身は、そのとき、その場で、全力疾走してきただけですが、後から振り返れば、「自分はここに留まっていていいのか」という内なる声には、常に耳を澄ましてきました。その結果の、MBA留学であり、東大への移籍であり、1年前から取り組み始めたMOTです。

どうせ将来が予想できないのだったら、一番大事なのは、環境が変わっても生き残れる適応力や精神力を身につけること。チャールズ・ダーウィンの進化論のように、強いものではなく、環境の変化に適応できるものが生き残れるのではないでしょうか。

変化は誰にとっても怖いことですし、いままでやってきた仕事の内容や、仕事のやり方を否定されるのはつらいことです。それをぐっとこらえて、現実を受け入れ、柔軟に変わっていくことができるかどうか。

そしてそんな柔軟性やしなやかさを身につけるためには、できるだけ若いころから、競争が激しく、変化が多い業界で鍛えられていた方がよいと思うのです。

この「おわりに」を書いている2011年の年の瀬、私の研究のライバルである、イスラエルのアノビットというベンチャー企業を、アップルが約400億円で買収を検討しているというニュースが飛び込んできました。技術的には私たちはアノビットを超えたと思っていましたが、実際に私たちがしてきたのは、論文を書くことだけ。大学という安全地帯に安住し、ぬくぬくと技術を開発し、論文を書いて満足していた自分を腹立たしく感じます。

日本だけに目を向けていたら、社会は閉塞しているように思えるけれども、世界を自分のフィールドだと考えれば、このようにチャンスはまだまだたくさんあります。自分は起業に向かないタイプだと書きましたが、アノビットのことは、正直、本当に悔しい。次は、世界の舞台で起業してやろう、と意を強くして2012年を迎えることになりそうです。

変化の激しい人生を送っていると、よいこともたくさんあります。特に、人の温かさや善意に触れる機会が多く、本当にありがたい。自分はラッキーだと思います。

守りに入って生きていて、のけぞって後ろに倒れそうになると、人は案外冷たいものです。その一方、果敢に挑戦し、前のめりになって、つんのめりそうになると、人は手を差し伸べてくれる。東芝の同僚や先輩方、留学したときの仲間たち、大学でお世話になっているみなさんや、共同で研究している企業や大学、研究機関の方々、それだけでなく、本当に多くの方々の善意のおかげで、ここまでやってこれました。

研究室でいままでご一緒した職員や学生のみなさんは、「急発進・急停車の竹内」に付きあってくださり、ありがとうございます。私の近くにいると振り回されることも多く、大変だと思います。こんな私に我慢しながら付きあい、欠点も多い私をサポートし、一緒に世界と戦ってくれていることに、感謝の気持ちでいっぱいです。

この本を書くことになるきっかけは、２０１１年の1月5日の朝日新聞の朝刊で、「外向き志向　メモリー研究世界一へ」と取り上げていただいた記事でした。この記事を書いてくださった朝日新聞の尾形聡彦さんと尾形さんの奥様とは、留学中にシリコンバレーでご一緒し、10年来、家族ぐるみで大変お世話になってきました。

そして、この新聞記事を読まれた幻冬舎の小木田順子さんに、記事が掲載されたその日に声をかけていただき、この本のプロジェクトがスタートしました。小木田さんとお話しするなかで、自分でも自覚していなかった、仕事の進め方や仕事に対する考え方を再発見することができました。

また、本のなかには、日経「Tech-On!」に連載中のコラム、「竹内健のエンジニアが知っておきたいMOT（技術経営）」（http://techon.nikkeibp.co.jp/column/takeuchi/）の一部を書き直したものが入っています。このコラムも、日経BP社の大石基之さんとの15年来のお付きあいから始まったものです。

最後に、これまでの人生は、仕事では世界の舞台で勝負しつつも、プライベートでは共働きをやりくりする苦闘の連続でもありました。共働きを続けるうえで、日本の社会や会社には、ガラスの天井、様々な障害があります。妻はそうしたことを一緒に戦ってきた戦友でもあり、仕事で困ったときにはいつも相談できる、最も頼りになる存在です。私が世界を飛び回るほど、妻の負担が増えて、ずいぶん苦労をかけてしまいました。

また、子どもたちは保育園を日米の5カ所転々としたように、生まれてすぐに、「競争が激しく、変化が多い」生活に放り込まれてしまいました。妻と私の両親にはいまだに子どもの面倒を見てもらっています。

私が新しいことへの挑戦を続けられるのは、変化のなかでもたくましく生き、いつも私を助けてくれる家族がいるからこそです。

こうして多くの方々のおかげで、ようやくここまでたどりつけました。いままでちゃんとお礼ができていませんが、この場を借りて心から感謝申し上げます。

そして、まだまだ挑戦は続きます。本に書いたとおり、私にとって、一つの仕事の期間は4、5年程度。それ以上同じところに留まると、成長が鈍ってしまう。この本が出版されるころには、東芝から東大に移って4年余りになります。次のステップに向けて、また変わり始めるときが来ました。

やりたいことが力いっぱいできる、私の仕事人生の本番はこれから。人の善意を信じながら、いままでにも増してリスクを取って、新しいことに挑戦していこうと考えています。

2011年の暮れに

竹内　健

著者略歴

竹内健《たけうちけん》

一九六七年東京都生まれ。東京大学大学院工学系研究科物理工学専攻修士課程修了。工学博士。九三年、（株）東芝に入社。フラッシュメモリの開発に携わる。二〇〇三年、スタンフォード大学ビジネススクール経営学修士課程修了（MBA）。帰国後は、フラッシュメモリ事業の製品開発のプロジェクトマネジメントや企業間交渉ならびにマーケティングに従事。〇七年、東芝を退社し、東京大学工学系研究科准教授。一一年、中央大学理工学部教授。フラッシュメモリ、次世代メモリの研究で世界的に知られる。

〔ブログ〕 http://d.hatena.ne.jp/Takeuchi-Lab

〔ツイッターアカウント〕 kentakeuchi2003

幻冬舎新書 246

世界で勝負する仕事術
最先端ITに挑むエンジニアの激走記

二〇一二年一月三十日 第一刷発行
二〇一二年四月 五 日 第二刷発行

著者 竹内 健
発行人 見城 徹
編集人 志儀保博
発行所 株式会社 幻冬舎
〒一五一-〇〇五一 東京都渋谷区千駄ヶ谷四-九-七
電話 〇三-五四一一-六二一一(編集)
〇三-五四一一-六二二二(営業)
振替 〇〇一二〇-八-七六七六四三
ブックデザイン 鈴木成一デザイン室
印刷・製本所 株式会社 光邦

検印廃止

Printed in Japan ISBN978-4-344-98247-5 C0295
た-10-1
幻冬舎ホームページアドレス http://www.gentosha.co.jp/
*この本に関するご意見・ご感想をメールでお寄せいただく場合は、comment@gentosha.co.jp まで。

幻冬舎新書

本田直之
レバレッジ時間術
ノーリスク・ハイリターンの成功原則

「忙しく働いているのに成果が上がらない人」から「ゆとりがあって結果も残す人」へ。スケジューリング、ＴｏＤｏリスト、睡眠、隙間時間ｅｔｃ．最小の努力で最大の成果を上げる「時間投資」のノウハウ。

小笹芳央
「持ってる人」が持っている共通点
あの人はなぜ奇跡を何度も起こせるのか

勝負の世界で〝何度も〟奇跡を起こせる人を「持ってる人」と呼ぶ。彼らに共通するのは、①他人②感情③過去④社会、とのつきあい方。ただの努力と異なる、彼らの行動原理を４つの観点から探る。

小山薫堂
もったいない主義
不景気だからアイデアが湧いてくる！

世の中の至るところで、引き出されないまま眠っているモノやコトの価値。それらに気づき、「もったいない」と思うことこそ、アイデアを生む原動力だ。世界が認めたクリエイターの発想と創作の秘密。

岸博幸
ネット帝国主義と日本の敗北
搾取されるカネと文化

ネットで進むアメリカ企業の帝国主義的拡大に、欧州各国では国家の威信をかけた抵抗が始まった。このままでは日本だけが搾取されてしまう。国益の観点から初めてあぶり出された危機的状況！

幻冬舎新書

夏野剛

グーグルに依存し、アマゾンを真似るバカ企業

ほとんどの日本企業は、グーグルに依存しアマゾンに憧れるばかりで、ネットの本当の価値をわかっていない。iモード成功の立役者が、日本のネットビジネスが儲からない本当の理由を明かす。

近藤勝重

書くことが思いつかない人のための文章教室

ネタが浮かばないときの引き出し方から、共感を呼ぶ描写法、書く前の構成メモの作り方まで、すぐ使える文章のコツが満載。例題も豊富に収録、解きながら文章力が確実にアップする！

菊間ひろみ

英語を学ぶのは40歳からがいい

3つの習慣で力がつく驚異の勉強法

やるべきことの優先順位も明確な40歳は英語に対する「切実な想い」「集中力」が高く、英会話に不可欠な社会経験も豊富なため、コツさえつかんで勉強すれば英語力はぐいぐい伸びる！

山名宏和

アイデアを盗む技術

オリジナルの発想などない。積極的に他人の思考を盗めばいい。企画会議、電車内の会話、テレビ……この世は他人の発想で溢れている。人気放送作家がアイデアを枯渇させない発想術を伝授！